普通高等教育教材

新工科背景下校企共建高等学校专业教材

食品质量与安全专业实验指导

SHIPIN ZHILIANG YU ANQUAN ZHUANYE SHIYAN ZHIDAO

李正田　主编　　　黄慧福　赵丛丛　副主编

化学工业出版社

·北京·

内容简介

本书立足新时代食品产业高质量发展需求，以培养“懂技术、强实践、善创新”的复合型食品人才为目标，紧扣食品质量与安全专业核心能力培养主线，系统整合实验教学资源，破解传统实验课程与区域产业需求脱节、技术应用场景单一等痛点。通过构建“基础验证-综合设计-创新探究”三级实验体系，助力学生贯通“从原料到餐桌”全链条质量安全控制能力，为推进新工科建设与产教深度融合提供标准化教学范本。全书涵盖5大模块：食品化学、食品生物化学、食品营养与卫生检验、食品分析与检验、食品工艺实训。本书创新融入云南特色资源实验项目，如宣威火腿亚硝酸盐检测、云南野生菌检测、普洱茶茶多酚含量的测定等，强化“云品”产业技术攻关能力。本书通过强化课程思政，为云南省“绿色食品牌”战略和食品工程教育认证提供特色化教学支撑。本书可作为食品质量与安全、食品科学与工程等专业的实验教材，亦适用于食品企业质检人员培训。

图书在版编目（CIP）数据

食品质量与安全专业实验指导 / 李正田主编；黄慧福，赵丛丛副主编. -- 北京：化学工业出版社，2026. 1. --（普通高等教育教材）. -- ISBN 978-7-122-49713-0

Ⅰ. TS201.6-33

中国国家版本馆 CIP 数据核字第 2026DY1649 号

责任编辑：毕仕林　刘　军　　装帧设计：王晓宇
责任校对：张茜越

出版发行：化学工业出版社
（北京市东城区青年湖南街 13 号　邮政编码 100011）
印　　装：北京科印技术咨询服务有限公司数码印刷分部
710mm×1000mm　1/16　印张 9½　字数 163 千字
2026 年 3 月北京第 1 版第 1 次印刷

购书咨询：010-64518888　售后服务：010-64518899
网　　址：http://www.cip.com.cn
凡购买本书，如有缺损质量问题，本社销售中心负责调换。

定　　价：49.80 元

本书编委会

主　　编	李正田	曲靖师范学院
副 主 编	黄慧福	曲靖师范学院
	赵丛丛	曲靖师范学院
参编人员	袁荷梅	曲靖师范学院
	高　秀	曲靖师范学院
	陈　玲	曲靖师范学院
	景年华	曲靖师范学院
	朱　铃	曲靖师范学院
	柏　旭	曲靖师范学院
	刘威良	曲靖师范学院
	蒙元燕	昭通学院
	李　玲	普洱学院
	魏敏平	贵州大学
	铁怀茂	贵州大学
	徐志强	云南农业大学

前言

在全球食品工业智能化、绿色化转型的浪潮下，食品质量与安全已成为关乎民生健康与国家战略的核心领域。云南省作为我国“绿色食品牌”战略重镇，坐拥丰富的特色农产品资源，却面临高原食品加工技术滞后、质量安全控制体系薄弱等现实挑战。与此同时，新工科建设对食品专业人才提出了更高要求——既需掌握扎实的理论基础，又须具备解决复杂工程问题的实践能力。然而，传统实验教材普遍存在内容陈旧、与区域产业需求脱节等问题，难以满足新时代复合型人才培养需求。在此背景下，编写一本兼具学科前沿性、地域适配性与教学实用性的实验指导书，成为深化教学改革、服务地方产业的迫切需求。

本书以“夯实专业根基、赋能产业创新”为宗旨，旨在为食品质量与安全专业师生提供一套系统化、场景化的实验教学解决方案。通过整合 5 大核心课程实验模块，构建从基础技能训练到综合创新研究的阶梯式培养体系，着力破解实验教学“重操作、轻设计”“重流程、轻探究”的痛点，助力学生实现“知识内化—能力迁移—创新突破”的成长跃迁，为云南省食品产业输送“懂技术、强实践、善创新”的高素质人才。

全书分为 5 章，紧密对接专业核心课程。第 1 章聚焦水分活度测定、羰氨反应速度的影响因素等基础实验；第 2 章涵盖酶活力测定、质粒制备等关键技术；第 3 章设计肉类制品的卫生检验、膳食食谱设计；第 4 章引入液态食品相对密度及折射率的测定、口服液中锌含量的测定等实验；第 5 章探索花生核桃乳工艺优化、食品巴氏杀菌乳的加工等产业化项目，以及创新设计香蕉果酱、葡萄酒的加工等高原特色果蔬加工实验。

本书主要面向食品质量与安全、食品科学与工程等专业本科生，亦可作为食品企业质检人员培训参考用书。实验原料植入“普洱茶”“野生菌”“宣威火腿”等本土化案例，为云南省“一县一业”战略和食品工程教育认证提供特色化支撑。

本书编写获云南省教育厅“省高教 121 工程专项资金-食品质量与安全专

业”（编号：3091410001）、曲靖市地方特色食品研究所支持。谨以此书献给所有坚守食品质量防线的教育工作者与产业实践者，愿每一份严谨的实验数据，终将铸就百姓餐桌上的安心守护。

编者

2025 年 4 月于曲靖

目录

第 1 章 食品化学

实验 1-1 食品中水分活度的测定

食品中水分含量对食品品质特性（蛋白质变性、脂肪氧化、褐变以及微生物活动等）的影响非常大，含水量高的食品容易变质、生霉。但是，水分含量相同的不同食品，其变质速度也不同。这一现象除与食品的组成成分、组织结构有关外，还与水在食品中的存在状态和结合形式，即与水分活度有关。水分活度的测定方法有蒸汽压力法、电湿度计法、溶剂萃取法、扩散法、A_w 测定仪法等。下面介绍的是国家标准推荐的方法——扩散法。

1. 实验目的

了解扩散法测定食品中水分活度的操作技术。

掌握扩散法测定水分活度的原理。

掌握水分活度的定义及水分活度对食品质量的影响。

2. 实验原理

食品中的水分，都随环境条件的变动而变化。当环境空气的相对湿度低于食品的水分活度时，食品中的水分向空气中蒸发，食品的质量减轻；相反地，当环境空气的相对湿度高于食品的水分活度时，食品就会从空气中吸收水分，质量增加。不管是蒸发水分还是吸收水分，最终食品和环境的水分达到平衡。据此原理，我们采用标准水分活度的试剂，形成相应湿度的空气环境，在密封和恒温条件下，观察食品试样在此空气环境中因水分变化而引起的质量变化。通常使试样分别在 A_w 较高、中等和较低的标准饱和盐溶液中扩散平衡后，根据试样质量的增加（即在较高 A_w 标准饱和盐溶液达平衡）和减少（即在较低 A_w 标准饱和盐溶液达平衡）的量，计算试样的 A_w 值。食品试样放在以此为相对湿度的空气中时，既不吸湿也不解吸，即其质量保持不变。

3. 实验条件

(1) 实验材料

各种水果、蔬菜等食品。

(2) 试剂

至少选取 3 种标准饱和盐溶液。标准饱和盐溶液的 A_w 值（25℃）见表 1-1。

表 1-1 标准饱和盐溶液的 A_w 值（25℃）

试剂名称	A_w	试剂名称	A_w	试剂名称	A_w
KNO_3	0.924	$NaNO_3$	0.737	$K_2CO_3 \cdot 2H_2O$	0.427
$BaCl_2 \cdot 2H_2O$	0.901	$SrCl_2 \cdot 6H_2O$	0.708	$MgCl_2 \cdot 6H_2O$	0.330
KCl	0.842	$NaBr \cdot 2H_2O$	0.577	$KAc \cdot H_2O$	0.224
KBr	0.807	$Mg(NO_3)_2$	0.528	$LiCl \cdot H_2O$	0.110
NaCl	0.752	$LiNO_3 \cdot 3H_2O$	0.476	NaOH	0.070

(3) 实验仪器

分析天平、恒温箱、康维氏微量扩散皿（康维皿）（图 1-1）、坐标纸、小玻璃皿或小铝皿（直径 25～28mm、深度 7mm），凡士林等。

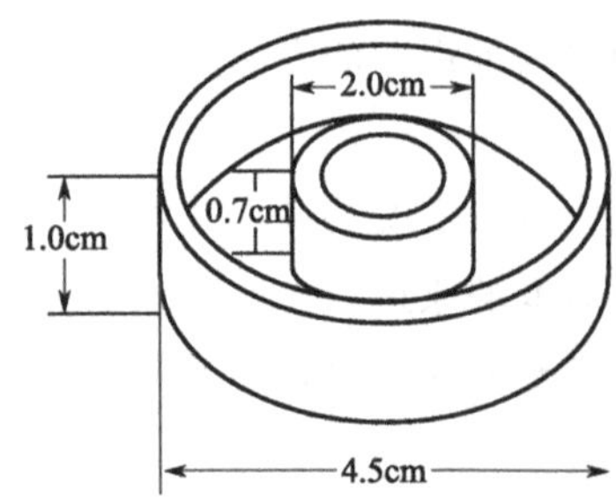

图 1-1 康维氏微量扩散皿

4. 实验步骤

在 3 个康维皿的外室分别加入 A_w 高、中、低的 3 种标准饱和盐溶液 5.0mL，并在磨口处涂一层凡士林。

将 3 个小玻璃皿准确称重，然后分别称取约 1g 的试样于皿内（准确至毫克数，每皿试样质量应相近）。迅速依次放入上述 3 个康维皿的内室中，马上加盖密封，记录每个扩散皿中小玻璃皿和试样的总质量。

在 25℃的恒温箱中放置 2h±0.5h 后，取出小玻璃皿准确称重，以后每 30min 称重一次，至恒重为止。记录每个扩散皿中小玻璃皿和试样的总质量。

5. 结果处理

计算每个康维皿中试样的质量增减值。

以各种标准饱和盐溶液在 25℃时的 A_w 值为横坐标，被测试样的质量增减 Δm 为纵坐标作图，并将各点连接成一条直线，此线与横坐标的交点即为被测试样的 A_w 值（图 1-2）。

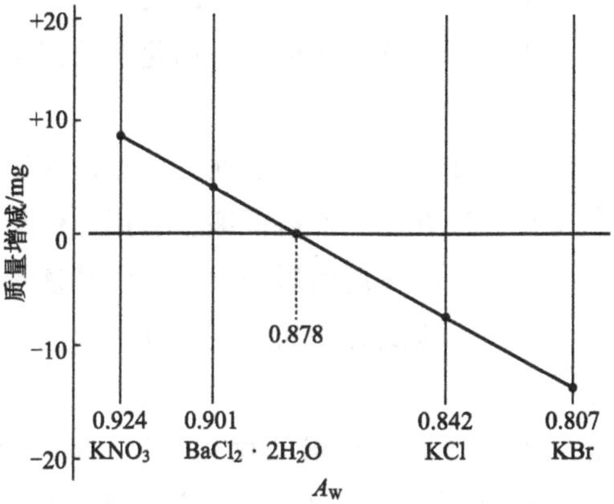

图 1-2　水分活度计算曲线

图 1-2 中表示被测样品在硝酸钾标准饱和溶液平衡下增重 7mg，在氯化钡标准饱和溶液中增重 3mg，在氯化钾标准饱和溶液中减重 9mg，在溴化钾标准饱和溶液中减重 15mg。将各点连成一条直线后与横坐标的交点 0.878 为被测样品的水分活度值。

6. 注意事项

① 称重要精确迅速，各份样品称量应在同一条件下进行。

② 扩散皿密封性要好。

③ 对试样 A_w 值范围预先有一估计，以便正确选择标准饱和盐溶液。

④ 测定时也可选择 2 种或 4 种标准饱和盐溶液（水分活度大于或小于试样的标准盐溶液各 1 种或 2 种）。

⑤ 绝大多数样品在 2h 后可测定，但有些样品如米饭类、油脂类、油浸烟熏类则需 4d 左右时间才能测定。因此，需加入样品量 0.2%的山梨酸作防腐剂，并以其水溶液作空白。

7. 思考题

扩散法测定水分活度的原理是什么？

为什么试样中含有水溶性挥发性物质会影响水分活度的准确性？

实验 1-2　方便面糊化度的测定

1. 实验目的

了解淀粉类食品的糊化及老化与食品质量的关系。

了解并掌握评定方便食品质量的指标——糊化度的测定原理和方法。

2. 实验原理

当前，方便食品越来越受广大消费者欢迎，而方便面则是最普及、产销量最大的方便食品，它具有携带方便、价格低廉、食用方便等优点。在工业生产中，方便面糊化度的控制对产品质量的影响很大，它是衡量产品质量的一项重要指标。糊化度的高低直接影响到方便面的复水性、口感、消化率等指标，进而影响到产品的商品价值。

方便面的糊化度是指方便面中淀粉的糊化程度，即 α 化度。淀粉的糊化是指淀粉悬浮液在一定温度下（60～80℃），淀粉颗粒吸水膨胀，体积增大，淀粉颗粒破裂，成为黏稠状胶体溶液的过程。糊化的本质是淀粉中晶质与非晶质态的淀粉分子间的氢键断开，微晶束分离，形成一种间隙较大的立体网状结构，淀粉颗粒中原有的微晶结构被破坏。糊化淀粉经快速脱水后，仍然保持其糊化状态，糊化淀粉易被水、淀粉酶渗透到淀粉内部，有利于淀粉的水解。方便面中淀粉的糊化度越高，越易被酶水解，有利于消化吸收。所以，在工业生产中，方便面糊化度的测定和控制是至关重要的。

淀粉糊化后，其物理、化学特性会发生很大变化，如双折射现象消失、颗粒膨胀、透光率和黏度上升等，所以糊化度的测定方法也有多种，如双折射法、膨胀法、酶水解法、黏度测量法等。方便面糊化度的测定，采用国家标准的酶水解法，在实际生产中也多使用酶水解法，也有采用感官判断法。感官判断法操作简便、迅速，但准确度低、误差大，难以控制一致。酶水解法的优点是准确度较高，但其最大缺点是烦琐、耗时长，不利于实际生产中现场测定和控制。本实验结合了酶解法和碘量法对淀粉糊化度进行评价。

本实验的原理为：糊化淀粉在糖化酶作用下，水解转化为葡萄糖，葡萄糖在碱性溶液中被碘氧化成葡萄糖酸，过量的碘经酸化后用硫代硫酸钠滴定。其反应式如下：

$$I^2 + 2OH^- \longrightarrow IO^- + H_2O + I^-$$

$$CH_2OH(CHOH)_4CHO + IO^- \longrightarrow CH_2OH(CHOH)_4COOH + I^-$$

$$IO^- + I^- + 2H \longrightarrow Na_2SO_4 + I_2 + H_2O$$

$$I_2 + 2Na_2S_2O_3 \longrightarrow Na_2S_4O_6 + 2NaI$$

样品经酶水解产生葡萄糖的量与样品完全糊化后酶水解产生的葡萄糖量之比即为糊化度。

3. 实验条件

（1）实验材料

市售油炸方便面。

（2）试剂

0.05mol/L 碘液、0.1mol/L 盐酸、0.1mol/L 氢氧化钠溶液、无水乙醚、80%乙醇溶液、10%硫酸、0.05mol/L 硫代硫酸钠溶液。

糖化酶液：制酒用浓糖化液，用脱脂棉过滤，取滤液 40mL 稀释至 1000mL，存于冰箱中备用。

（3）实验仪器

分析天平、恒温水浴锅、粉碎机、离心机、721 型分光光度计、索氏抽提器、分样筛、电炉、容量瓶、碘量瓶、碱式滴定管、移液管、小漏斗。

4. 实验步骤

将方便面样品粉碎，过 60 目筛。

称取 2 份样品各 0.5000g，分别放入 2 个 100mL 烧杯中，每份用 30mL 无水乙醚分 2～3 次洗涤脱脂之后，用小漏斗过滤流出洗脱液，再用 30mL 80%乙醇溶液洗涤 2～3 次，弃去糖液。残渣小心地用 50mL 蒸馏水分别转移到 100mL 的锥形瓶中，另取一个锥形瓶做空白。

将锥形瓶试样摇匀。将一个锥形瓶在电炉上用小火微沸 20min 使其完全糊化（注意不能烧干），要持续摇动。然后迅速冷却至室温。

将 3 个锥形瓶中各加入糖化酶 3mL，摇匀后放入 50℃恒温水浴中保温 1h，并不断搅拌。到时取出并立即加入 1mol/L 盐酸各 2mL，终止反应。然后分别定容至 100mL，过滤备用。分别取滤液 10mL 于 3 个 250mL 的碘量瓶，准确加入 10mL 0.05mol/L 碘液和 18mL 0.1mol/L 氢氧化钠溶液，密封置于暗处 15min 之后各加入 2mL 10%硫酸，用 0.05mol/L 硫代硫酸钠溶液滴定至无色，记录各用去硫代硫酸钠的体积（mL）。

糊化度计算：

$$\text{糊化度} = (V_0 - V_2)/(V_0 - V_1)$$

式中 V_0——滴定空白消耗硫代硫酸钠的体积，mL；

V_1——滴定完全糊化样品消耗硫代硫酸钠的体积，mL；

V_2——滴定样品消耗硫代硫酸钠的体积，mL。

5. 思考题

油炸方便面的糊化度与该食品的食用特性有什么关系？

方便面制备原理是什么？

实验 1-3　脂类水分及挥发物的测定

1. 实验目的

掌握脂类水分及挥发物的测定方法。

2. 实验原理

利用水与油脂沸点不同而将二者分离，烘箱温度通常控制在 105℃±2℃。与水同时挥发的还有与其沸点相近的挥发性物质，因此测定结果叫作“油脂水分和挥发物的含量”。此法常用于不干性油脂的测定。

3. 实验条件

电热恒温烘箱、备有变色硅胶的干燥器、天平（精确度 0.0001g)、烧杯(50mL)、称量皿（30～50mL)。

4. 实验步骤

用已烘至恒重的称量皿称取混合油样 10g（准确至 0.001g)，在温度 105℃±2℃下烘 90min。

取出油样放入干燥器冷却至室温（约需 20min）后称重。

再将油样放入烘箱烘 20min，直至前后两次重量不超过 0.001g 为止。如后一次重量大于前一次重量，则取前一次重量为测定结果。

5. 结果处理

水分及挥发物含量按下式计算：

$$水分及挥发物=(W-W_1)/W$$

式中　W——烘前油样重量，g；

　　W_1——烘后油样重量，g。

双试验结果允许差不超过 0.04%，求其平均数，即为测定结果。测定结果保留两位小数。

6. 注意事项

水比油重，常沉于底部。因此取样前需充分混合油样。低温或在常温下呈半液体的油样，需加热（不高于 50℃）溶解，待冷却至 20～30℃时取样，可得平均油样。

烘箱条件好（温度稳定），可直接（一次）烘 1.5h 后得测定结果。

实验 1-4　脂类过氧化值及酸价的测定

1. 实验目的

了解油脂自动氧化的机理、影响因素，以及与食品质量的关系。

掌握评定油脂质量的指标——酸价和过氧化物值及测定方法。

2. 实验原理

氧化酸败是油脂或者油脂食品在储藏过程中发生败坏的主要原因，是指油脂中的不饱和酸酯因空气氧化而分解成低分子羰基化合物（醛、酮、酸等），并产生特殊气味。脂肪氧化的初级产物是氢过氧化物 ROOH，因此通过测定脂肪中氢过氧化物的量，可以评价脂肪的氧化程度。同时脂肪氧化的初级产物 ROOH 可进一步分解，产生小分子的醛、酮、酸等，因此酸价也是评价脂肪变质程度的一个重要指标。本实验通过油脂在不同条件下贮藏，并定期测定其过氧化值和酸价，了解影响油脂氧化的主要因素；与空白和添加抗氧化剂的油样品进行比较，观察抗氧化剂的性能。

实验中过氧化值的测定采用碘量法：在酸性条件下，脂肪中的过氧化值与过量的 KI 反应生成 I_2，用 $Na_2S_2O_3$ 滴定生成的 I_2，求出每千克油中所含过氧化物的毫摩尔数，称为脂肪的过氧化值（POV）。

酸价的测定是利用酸碱中和反应，测出脂肪中游离酸的含量。油脂的酸价以中和 1g 脂肪中游离酸所需消耗的氢氧化钾的毫克数表示。

3. 实验条件

（1）实验材料

大豆油。

（2）试剂

丁基羟基甲苯（BHT）。

0.01mol/L $Na_2S_2O_3$：用标定的 0.1mol/L $Na_2S_2O_3$ 稀释而成（或称取 2.6g $Na_2S_2O_3 \cdot 5H_2O$ 溶于 1000mL 水中，缓缓煮沸 10min，冷却，放置两周后过滤备用）。

氯仿-冰乙酸混合液：取氯仿 400mL 加冰乙酸 600mL，混匀。

饱和碘化钾溶液：取碘化钾 100g，加水 50mL，贮于棕色瓶中，如发现溶液变黄，应重新配制。

0.5%淀粉指示剂：500mg 淀粉加少量冷水调匀，再加一定量沸水（最后体积约为 100mL）。

碱液：0.1mol/L 氢氧化钾（或氢氧化钠）标准溶液。

中性乙醚-95%乙醇（2∶1）混合溶剂：临用前再配，易挥发，盖好盖子。1600mL 乙醚加 800mL 95%乙醇混合。

酚酞指示剂：1%酚酞乙醇溶液。将 0.5g 酚酞溶于 50mL 95%乙醇中摇匀。易挥发，盖好盖子。

（3）实验仪器

小广口瓶（40mL）4 个，应保证规格一致，并干燥；碱式滴定管、250mL 锥形瓶、100mL 小烧杯。

4. 实验步骤

油脂的氧化：在干燥的小烧杯中，将 80g 油分为二等份，向其中一份中加入 0.008g BHT，两份油脂作同样程度的搅拌至加入的 BHT 完全溶解。向两个广口瓶中各装入 20g 未添加 BHT 的油脂，另两个中各装入 20g 已添加 BHT 的油脂，按表 1-2 所列编号存放，1 天、3 天、5 天后测定过氧化值和酸价。

表 1-2　实验分组

光照条件	组别	处理
室温光照	1	未添加 BHT 的油脂
	2	添加 BHT 的油脂
室温避光	3	未添加 BHT 的油脂
	4	添加 BHT 的油脂

过氧化值的测定：称取 2g（精确至 0.01g）油脂置于干燥的 250mL 碘量瓶底部，加入 20mL 氯仿-冰乙酸混合液，轻轻摇动使油溶解，加入 1mL 饱和碘化钾溶液，摇匀、加塞，置暗处放置 5min。取出立即加水 50mL，充分摇匀，用 0.01mol/L $Na_2S_2O_3$ 滴定至水层呈淡黄色，加入 1mL 淀粉指示剂，继续滴定至蓝色消失，记下体积 V_1。

酸价的测定：称取油脂 4g（准确至 0.01g）于 250mL 的锥形瓶中，加入中性乙醚-95%乙醇混合溶剂 50mL，小心旋转摇动烧瓶使试样溶解，加入三滴酚酞指示剂，用 0.1mol/L 碱液滴定至出现微红色在 30s 不消失，记下消耗碱液毫升数（V_2）。

5. 结果处理

计算过氧化值（POV）：

$$\mathrm{POV}=M\times V_1\times 1000/W$$

式中　M——$Na_2S_2O_3$ 溶液摩尔浓度，mol/L；

V_1——消耗 $Na_2S_2O_3$ 溶液体积，mL；

W——称取油脂重量，g。

计算酸价：

$$酸价=M\times V_2\times 56.1/W$$

式中　M——氢氧化钾的摩尔浓度，mol/L；

V_2——消耗氢氧化钾溶液的体积，mL；

56.1——氢氧化钾的分子量，g/mol；

W——称取油脂重量，g。

实验 1-5 蛋白质的功能性质

1. 实验目的

通过本实验，定性地认识不同蛋白质的功能性质。

2. 实验原理

不同种类的蛋白质具有不同的功能性质。牛奶中酪蛋白具有凝乳性，在酸、热、酶（凝乳酶）的作用下会沉淀，奶酪的制作正是利用了牛奶中酪蛋白的凝乳性；酪蛋白还具使冷冻食品稳定的能力。面粉中的谷蛋白（面筋蛋白）则具有黏弹性，在面包、蛋糕等的发酵过程中，蛋白质形成立体的网状结构，能保住气体，使体积膨胀；在烘烤过程中蛋白质凝固是面包成型的因素之一。肌肉蛋白的持水性与味道、嫩度及颜色有密切的关系，鲜肉糜中蛋白质的重要功能特性就是保水性、脂肪黏合性和乳化性。在食品的配制中，选择蛋白质的基本原则就是其功能性质是否符合要求。

3. 实验条件

（1）实验材料

高筋面粉、低筋面粉、牛奶、瘦猪肉、大豆分离蛋白。

（2）试剂

乳酸溶液、焦磷酸钠（或三聚磷酸钠）、饱和氯化钙、δ-葡萄糖酸内酯、明胶。

4. 实验步骤

（1）酪蛋白的凝乳性

在小烧杯中加入 15mL 牛奶，逐滴滴加 50% 的乳酸溶液，观察酪蛋白沉淀的形成，当牛奶溶液达到 pH 4.6 时（酪蛋白的等电点），观察酪蛋白沉淀的量是否增多。

（2）面粉中谷蛋白（面筋蛋白）的黏弹性

分别取高筋面粉和低筋面粉各 20g，加 9mL 水揉成面团，静置 10min，将面团不断在水中洗揉，直至没有淀粉洗出为止。观察面筋的黏弹性，并分别称重，比较高筋面粉和低筋面粉中湿面筋的含量。

（3）肌肉蛋白质的持水性

将新鲜的瘦猪肉在绞肉机中搅成肉糜，按 10g/份，取 3 份肉糜分别加入 2mL 水、4mL 水、4mL 含 20mg 焦磷酸钠的水溶液，顺一个方向搅拌 2min，放置 30min 以上。观察 3 份肉糜的持水性、黏着性；再将肉糜蒸熟，观察其胶凝性。

(4) 蛋白质的胶凝作用

在100mL烧杯中，加入2g大豆分离蛋白粉，40mL水，在沸水浴中加热，并不断搅拌均匀，稍冷后，将其分成两份，一份加入5滴饱和氯化钙，另一份加入0.1～0.2g δ-葡萄糖酸内酯，放入沸水浴中数分钟，观察凝胶形成。

取一支试管，加入0.5g明胶和5mL水，水浴中温热，溶解形成黏稠溶液，冷却后观察凝胶的形成。

5. 思考题

牛奶败坏为何出现沉淀？沉淀是什么？

在面制品的加工中，应如何选择使用高筋面粉和低筋面粉？

为什么加入焦磷酸钠会增加肉的持水性？

实验1-6　过氧化物酶的测定

1. 实验目的

学习并掌握过氧化物酶在食品热处理中的意义。

2. 实验原理

过氧化物酶普遍地存在于植物中，具有很高的耐热性。如果食品材料经热处理后，过氧化物酶已失活，那么可以认为与其共存的酶残存的可能性不会太大。因此，常利用它来作为判断食品材料热处理是否充分的指标。

过氧化物酶催化的反应：

$$H_2O_2 + AH_2 \xrightarrow{\text{过氧化物酶}} A + 2H_2O$$

式中，AH_2 是无色还原性化合物，经氧化作用后转变成有色的化合物 A，因此可以采用分光光度计测定酶的活力，也可以用目测法估计食品中过氧化物酶的活力。

3. 实验条件

(1) 实验材料

卷心菜或花菜。

(2) 试剂

1％愈创木酚、0.5％过氧化氢。

4. 实验步骤

将卷心菜心切成 1cm×2cm 的小块。

将卷心菜小块在沸水中分别热烫 0.5min、1.0min、1.5min、2.0min、2.5min 和 3.0min 后立即移入冰水中冷却。

将经热烫的卷心菜各两片根据加热时间不同分别置于 6 根 2cm×15cm 的试管中，加入 5mL 去离子水、1mL 1％愈创木酚溶液和 1mL 0.5％过氧化氢溶液，随即振荡试管使其均匀混合。

2min 后，观察卷心菜表面及溶液中的变化。按照无变化、产生粉红色、浅棕色和强烈的颜色变化四种等级记录实验结果。

5. 注意事项

经过热烫失活的过氧化物酶在室温下可能出现部分再生现象，因此观察卷心菜中酶活力残存情况不能无限制地延长时间。

6. 思考题

分析热烫时间对卷心菜中过氧化物酶残存量的影响及其原因。

实验 1-7 蔬菜加工中护色实验与果蔬酶促褐变的防止

1. 实验目的

熟悉果蔬酶促褐变的原理。

通过果蔬加工中热烫等处理方法和加异抗坏血酸钠等护色实验，初步掌握果蔬加工中护色的常用方法。

2. 实验原理

新鲜绿色蔬菜如果在酸性条件下加工，由于脱镁反应的发生，发色体结构部分变化，绿色消失，变成褐色的脱镁叶绿素。如果在弱碱性条件下热烫，则叶绿素的酯结构部分水解生成叶绿酸（盐）、叶绿醇和甲醇，叶绿酸盐为水溶性，仍呈鲜绿色，而且比较稳定。

绿色果蔬或某些浅色果蔬，在加工过程中易引起酶促褐变，使产品颜色发暗。为保护果蔬原有色泽，往往先在弱碱性条件下进行短时间的使酶钝化的热烫处理，从而达到护色的目的。

果蔬加工中，往往采用热烫钝化酶、控制酸度、加抗氧化剂（如异抗坏血酸钠）、加化学药品（如二氧化硫、焦亚硫酸钠）来抑制酶的活性和隔绝氧等方法来防止和抑制酶促褐变。

3. 实验条件

（1）实验材料

绿色青菜、苹果、马铃薯。

（2）试剂

1.5%愈创木酚（或联苯胺）、3%过氧化氢、1%邻苯二酚、焦亚硫酸钠、异抗坏血酸钠、柠檬酸、氢氧化钠、盐酸、0.4%柠檬酸溶液、0.4%亚硫酸氢钠溶液、0.4%抗坏血酸溶液。

（3）实验仪器

烧杯、微波炉、电热鼓风干燥箱。

4. 实验步骤

（1）观察酶褐变的色泽

马铃薯人工去皮，切成 3mm 厚的圆片，取一片切面滴上 2～3 滴 1.5%愈创木酚（或联苯胺），再滴上 2～3 滴 3%过氧化氢。由于马铃薯中过氧化物酶的存在，愈创木酚与过氧化氢经酶作用，脱氢而产生褐色的络合物。

苹果人工去皮，切成 3mm 厚的圆片，滴 1%邻苯二酚（或用邻苯三酚）

2～3滴。由于多酚氧化酶存在，原料变成茶褐色或深褐色的络合物。

（2）防止酶褐变

① 热烫、高温可以使氧化酶类丧失活性。生产中利用热烫防止酶褐变，将马铃薯片投入沸水中，待再次沸腾计时。每隔1min，取出一片马铃薯用1.5%愈创木酚和3%过氧化氢滴在切面上，观察其变色的速度和程度，直到不变色为止。将剩余马铃薯投入冷水中及时冷却。

② 不同化学试剂防止酶褐变。各种不同的化学试剂可降低介质中的pH值和减少溶解氧，可抑制氧化酶类活性。将切片的苹果分别取3～5片投入0.4%柠檬酸溶液、0.4%亚硫酸氢钠溶液、0.4%抗坏血酸溶液中护色20min，取出滴干，另取50mL水作对照用。用1.5%愈创木酚和3%过氧化氢滴在切面上，观察其变色的速度和程度。

③ 比较不同pH值条件下，蔬菜热处理后的色泽变化。绿色青菜洗净后分成3份，分别编号Ⅰ、Ⅱ、Ⅲ，于沸水中（pH为4、7、9的不同酸碱度条件下）各热烫1～2min。分别捞起沥干，在微波炉中进行干燥。取出自然冷却后，放在滤纸上。观察不同pH条件下，脱水青菜的色泽。

④ 隔氧试验。用不锈钢刀切取苹果、马铃薯6小片，4片浸入一杯清水中，2片置于空气中，10min后，观察记录现象。之后，从清水杯中取出2片置于空气中，10min后再观察记录现象。

5. 注意事项

产品加工过程防止抗氧剂残留超标。

6. 思考题

土豆变色的原因是什么？有哪些方法可以用于蔬菜护色？

实验 1-8　羰氨反应速度的影响因素

1. 实验目的

了解不同碳水化合物的种类、氨基酸种类、亚硫酸盐及酸碱度等因素对羰氨反应速度的影响，认识羰氨反应对食品风味和色泽形成的意义。

2. 实验原理

羰氨反应在中等水分活度条件下适宜发生。具有游离氨基和游离羰基的化合物反应速度较快。亚硫酸盐为褐变抑制剂，可以与美拉德反应的初级产物发生加成反应，从而阻止黑色素的形成。羰氨反应的中间产物在近紫外区域具有强烈吸收，重要中间产物羟甲基糠醛在 280～290nm 具有强烈的紫外吸收，可以通过比色法来定量测量羰氨反应的强弱。该反应产生复杂的香味物质，其味道与氨基酸和糖的种类有关。

3. 实验条件

（1）试剂

5%葡萄糖溶液、5%蔗糖溶液、5%麦芽糖溶液、5%可溶性淀粉溶液、5% D-木糖溶液、5%甘氨酸溶液、5%赖氨酸溶液、5%酪氨酸溶液、1mol/L 氢氧化钠溶液、亚硫酸氢钠。

（2）实验仪器

移液管、容量瓶、直径为 6～8cm 的磁表面皿、坩埚钳、电炉、紫外分光光度计。

4. 实验步骤

（1）不同种类的糖对羰氨反应速度的影响

取 5 个磁表面皿，编号如下：

① 加入 2.5mL 5%葡萄糖溶液和 2.5mL 5%甘氨酸溶液。

② 加入 2.5mL 5%蔗糖溶液和 2.5mL 5%甘氨酸溶液。

③ 加入 2.5mL 5%麦芽糖溶液和 2.5mL 5%甘氨酸溶液。

④ 加入 2.5mL 5%可溶性淀粉溶液和 2.5mL 5%甘氨酸溶液。

⑤ 加入 2.5mL 5%D-木糖溶液和 2.5mL 5%甘氨酸溶液。

摇匀，5 个磁表面皿同时放在电炉上加热，比较褐变出现的先后和色泽深浅，同时嗅其气味。待能够发生羰氨反应的样品均出现颜色后，同时取下，分别用水定量转移至 5 个 50mL 容量瓶中，定容，混匀后于 290nm 处测定紫外吸收值。

(2) 不同氨基酸种类对羰氨反应速度的影响

取3个磁表面皿，编号：

① 加入2.5mL 5%的甘氨酸溶液和2.5mL 5%葡萄糖溶液，摇匀。

② 加入2.5mL 5%的赖氨酸溶液和2.5mL 5%葡萄糖溶液，摇匀。

③ 加入2.5mL 5%的酪氨酸溶液和2.5mL 5%葡萄糖溶液，摇匀。

3个磁表面皿同时放在电炉上加热，比较褐变出现的先后和色泽深浅。待能够发生羰氨反应的样品均出现颜色后，同时取下，分别用水定量转移至5个50mL容量瓶中，定容，混匀后于290nm处测定紫外吸收值。

(3) 不同环境条件对羰氨反应速度的影响

取5个磁表面皿，编号：

① 加入2.5mL 5%的甘氨酸溶液和2.5mL 5%葡萄糖溶液，摇匀。室温下放置。

② 加入2.5mL 5%的甘氨酸溶液和2.5mL 5%葡萄糖溶液，摇匀。

③ 加入2.5mL 5%的甘氨酸溶液和2.5mL 5%葡萄糖溶液，再加入0.1～0.2g亚硫酸氢钠，摇匀溶解。

将②、③同时放在电炉上加热，观察其褐变出现的先后和色泽的深浅。

④ 加入2.5mL 5%的甘氨酸溶液和2.5mL 5%葡萄糖溶液，滴加2%盐酸溶液数滴，使pH值在2左右，摇匀。

⑤ 加入2.5mL 5%的甘氨酸溶液和2.5mL 5%葡萄糖溶液，滴加1mol/L NaOH溶液，使pH值在9左右，摇匀。

将④、⑤同时放在电炉上加热，观察其色泽的变化。

上述5个处理待溶液均出现颜色后，同时取下，分别用水定量转移至5个50mL容量瓶中，定容，混匀后于290nm处测定紫外吸收值。

5. 结果处理

列表记录以上观察到的实验现象、颜色出现的先后顺序，结合紫外吸光度值进行结果分析。

6. 注意事项

实验所用表面皿最好选大小、薄厚一致的，以便于比较。

样品加入后必须混合均匀，反应快慢的判断以表面皿边缘最先出现颜色为准。

若紫外吸收值超过范围，用水稀释。

7. 思考题

不同的糖对羰氨反应速度的影响，哪个最快？哪个最慢？根据是什么？

为什么亚硫酸盐能起到抑制羰氨反应速度的作用？

为什么不同酸碱度下羰氨反应速度不同？

实验 1-9　食品防腐剂山梨酸钾的制备

1. 实验目的

学习山梨酸钾的性质和用途。

掌握山梨酸钾制备的原理和方法。

2. 实验原理

（1）主要性质和用途

山梨酸钾学名己二烯-(2,4)-酸钾，结构式 $CH_3CH{=}CHCH{=}CHCOOK$，分子式 $C_6H_7KO_2$，是一种不饱和的单羧基脂肪酸，呈无色或白色鳞片状结晶或粉末。在空气中不稳定，能被氧化着色，有吸湿性，约 270℃熔化分解。易溶于水，溶于乙醇。

其用做食品防腐剂，用于肉、鱼、蛋、禽类制品，果蔬类保鲜，饮料、果冻、软糖、糕点类。我国规定最大使用量见 GB 2760—2024。

（2）制备原理

山梨酸的合成工艺路线有四种：

① 以丁烯醛（巴豆醛）和乙烯酮为原料：

$$CH_3CH{=}CHCHO + CH_2{=}C{=}O \longrightarrow CH_3CH{=}CHCH{=}CHCOOH$$

② 以巴豆醛和丙二酸为原料：

$$CH_3CH{=}CHCHO + CH_2(COOH)_2 \xrightarrow[90\sim100℃]{\text{吡啶}} CH_3CH{=}CHCH{=}CHCOOH$$

③ 以巴豆醛和丙酮为原料：

$$CH_3CH{=}CHCHO + H_3C{-}C(=O){-}CH_3 \xrightarrow[\text{催化剂 } Ba(OH)_2\cdot 8H_2O]{\text{缩合}}$$

$$CH_3(CH{=}CH)_2{-}C(=O){-}CH_3 \xrightarrow[NaOCl]{\text{氧化}} CH_3(CH{=}CH)_2{-}C(=O){-}CCl_3 \xrightarrow{NaOH}$$

$$CH_3(CH{=}CH)_2{-}C(=O){-}ONa + CHCl_3$$

④ 以山梨醛为原料：

$$CH_3CH{=}CHCH{=}CHCHO \xrightarrow[\text{催化剂 } Ag_2O,O_2]{\text{氧化}} CH_3CH{=}CHCH{=}CHCOOH$$

实验室采用路线②，制得的山梨酸再与氢氧化钾反应，制得山梨酸钾：

$$CH_3CH═CHCH═CHCOOH+KOH \longrightarrow$$
$$CH_3CH═CHCH═CHCOOK+H_2O$$

3. 实验条件

（1）试剂

巴豆醛（化学纯）、丙二酸（化学纯）、吡啶（化学纯）、硫酸（化学纯）、乙醇（化学纯）、氢氧化钾（化学纯）、精密 pH 试纸、滤纸等。

（2）实验仪器

四口烧瓶（250mL）、烧杯（200mL、500mL）、球形冷凝管、抽滤瓶（500mL）、温度计（0～100℃）、量筒（10mL、100mL）、电动搅拌机、真空泵、熔点仪。

4. 实验步骤

向四口烧瓶中依次加入 18g 巴豆醛、25g 丙二酸和 2.5g 吡啶，室温搅拌 20min，待丙二酸溶解后，缓慢升温至 90℃，90～100℃保温，反应 1.5h。

用冰水浴降温至 10℃以下，缓慢加入质量分数 10%稀硫酸，控温≤20℃，调节反应体系 pH 至 4～5，冷冻过夜，抽滤，结晶。用冰水 50mL 分两次洗涤结晶，得山梨酸粗品。

将粗品山梨酸倒入烧杯中，用 3～4 倍质量的质量分数 60%的乙醇重结晶，抽滤得精品山梨酸。

将山梨酸倒入烧杯中，加入等摩尔数的氢氧化钾和少量水，搅拌 30min，产物浓缩，95℃烘干，得白色山梨酸钾结晶。

5. 注意事项

用稀硫酸调 pH 值时注意控温。

山梨酸精品结晶时一定要控制温度在 0～5℃。

6. 思考题

制备山梨酸精品时，加入吡啶的目的是什么？

制备山梨酸精品时，产物为什么要调 pH 值？产物为什么要冷冻过夜？

实验 1-10　基于美拉德反应的肉类风味物的制备

1. 实验目的

加深对美拉德反应概念的理解。

掌握基于美拉德反应制备肉类风味物的方法。

复习肉类风味物制备的相关概念。

2. 实验原理

在一定的条件下，还原糖与氨基可发生一系列复杂的反应，最终生成类黑精色素——褐色的含氮色素，并产生一定的风味，这类反应统称美拉德反应(也称为羰氨反应)。美拉德反应会对食品体系的色泽和风味产生较大影响。

3. 实验条件

(1) 实验材料

鸡肉。

(2) 试剂

动物蛋白酶。

(3) 实验仪器

高压灭菌锅、粉碎机、GSH-2L 反应釜。

4. 实验步骤

将鸡肉切碎与水按 1∶2 混合，在 0.1MPa（121℃）高压灭菌锅中蒸煮 20min，取出后用粉碎机磨成泥状。调节肉泥的 pH 到 6.6，根据蛋白酶的活力加入适量的蛋白酶，在 55℃的温度下酶解 30min。酶解结束后，将酶解液煮沸 10min 灭酶后得到需要的鸡肉酶解液。

① pH 对美拉德反应的影响。根据报道可知，美拉德反应生产制备肉味香精的最适 pH 为 3～9，因此，实验中分别设计 pH＝3、pH＝5、pH＝6、pH＝7、pH＝9 五种 pH，淀粉添加量为 5%，在 120℃ GSH-2L 反应釜中反应 40min 后，对其风味进行感官评分。

② 温度对美拉德反应的影响。美拉德反应生产制备肉味香精，温度对其影响显著，所以实验中分别设计 110℃、120℃、130℃三种温度，pH＝6，淀粉添加量为 5%，在 GSH-2L 反应釜中反应 40min 后，对其风味进行感官评分。

③ 淀粉添加量对美拉德反应的影响。美拉德反应生产制备肉味香精过程中，淀粉的添加为其提供糖，所以实验中分别设计淀粉添加量为 1%、3%、

5%、7%、9%五种添加量，pH＝6，在120℃ GSH-2L反应釜中反应40min后，对其风味进行感官评分。

④ 反应时间对美拉德反应的影响。美拉德反应生产制备肉味香精过程中，实验中分别设计反应时间为30min、40min、50min三种反应时间，pH＝6，淀粉添加量为5%，在120℃ GSH-2L反应釜中反应，对其风味进行感官评分。

感官评分标准见表1-3。

表1-3　鸡肉香精感官评分表（总分10分）

项目	感官描述	评分
鸡肉特征香气强度	具有强烈而典型的鸡肉香气，且风味稳定持久	3
	初始鸡肉香气明显，但持续性差，未能形成完整的风味体验	2
	鸡肉特征香气极其微弱且留香时间极短，几乎无法感知	1
香气仿真度	与烤鸡块香气一致	3
	与烤鸡块香气相似	2
	无烤鸡块香气	1
鸡脂香	鸡脂香突出	2
	鸡脂香不明显	1
回味感	回味鲜香持久	2
	回味不久	1

5. 结果处理

选取10名同学，在感官评分室里，对制得的香精进行感官评分，统计后将结果填入表1-4～表1-7中。

（1）pH对美拉德反应制备肉味香精的影响（表1-4）

表1-4　pH对肉味香精的影响

pH	感官描述	评分
3		
5		
6		
7		
9		

(2) 温度对美拉德反应制备肉味香精的影响（表 1-5）

表 1-5 温度对肉味香精的影响

温度/℃	感官描述	评分
110		
120		
130		

(3) 淀粉添加量对美拉德反应制备肉味香精的影响（表 1-6）

表 1-6 淀粉添加量对肉味香精的影响

添加量/%	感官描述	评分
1		
3		
5		
7		
9		

(4) 反应时间对美拉德反应制备肉味香精的影响（表 1-7）

表 1-7 反应时间对肉味香精的影响

反应时间/min	感官描述	评分
30		
40		
50		

6. 思考题

解释温度对美拉德反应的影响机理。

分析不同的 pH 条件对美拉德反应的影响。

描述美拉德反应制备肉类香精的反应现象。

第2章
食品生物化学

实验2-1　淀粉的显色、水解和老化

1. 实验目的

了解淀粉的性质及淀粉水解的原理和方法。

掌握淀粉水解的条件和产物的实验方法。

熟悉淀粉的老化原理和方法。

2. 实验原理

（1）淀粉与碘的反应

直链淀粉遇碘呈蓝色，支链淀粉遇碘呈紫红色，糊精遇碘呈蓝紫、紫、橙等颜色。这些显色反应的灵敏度很高，可以用作鉴别淀粉的定量和定性的方法，也可以用它来分析碘的含量。纺织工业上，它用来衡量布匹退浆的完全度。它还可以用来测定水果果实（如苹果等）的淀粉含量。

近年来用先进的分析技术（如X射线、红外光谱等）研究碘跟淀粉生成的蓝色物，除吸附原因外，证明碘和淀粉的显色主要是由于生成包合物的缘故。直链淀粉是由 α-葡萄糖分子缩合而成螺旋状的长长的螺旋体，每个葡萄糖单元都仍有羟基暴露在螺旋外。碘分子跟这些羟基作用，使碘分子嵌入淀粉螺旋体的轴心部位。碘跟淀粉的这种作用叫作包合作用，生成物叫作包合物。

在淀粉跟碘生成的包合物中，每个碘分子跟6个葡萄糖单元配合，淀粉链以直径0.13pm绕成螺旋状，碘分子处在螺旋的轴心部位。

淀粉跟碘生成的包合物的颜色，跟淀粉的聚合度或分子量有关。在一定的聚合度或分子量范围内，随聚合度或分子量的增加，包合物的颜色的变化由无色、橙色、淡红、紫色到蓝色。例如，直链淀粉的聚合度是200～980或分子量范围是32000～160000时，包合物的颜色是蓝色。分支很多的支链淀粉，在支链上的直链平均聚合度20～28，这样形成的包合物是紫色的。糊精的聚合

度更低，显棕红色、红色、淡红色等。淀粉跟碘生成的包合物在 pH=4 时最稳定，所以它的显色反应在微酸性溶液里最明显。表 2-1 是淀粉的聚合度和生成碘包合物的颜色。

表 2-1　淀粉的聚合度和生成碘包合物的颜色

葡萄糖单位的聚合度	3.8	7.4	12.9	18.3	20.2	29.3	34.7 以上
包合物的颜色	无色	淡红	红	棕红	紫色	蓝紫色	蓝色

（2）淀粉的水解

淀粉是一种重要的多糖，是一种分子量很大的天然高分子化合物。其虽属糖类，但本身没有甜味，是一种白色粉末，不溶于冷水。淀粉颗粒在热水里会膨胀，有一部分淀粉溶解在水里，另一部分悬浮在水里，形成胶状淀粉糊。淀粉进入人体后，一部分淀粉受唾液和淀粉酶的催化作用，发生水解反应，生成麦芽糖；余下的淀粉在小肠里胰脏分泌出的淀粉酶的作用下，继续进行水解，生成麦芽糖。麦芽糖在肠液中麦芽糖酶的催化下，水解为人体可吸收的葡萄糖，供人体组织的营养需要。反应过程为：

$$\underset{\text{淀粉}}{(C_6H_{12}O_5)_m} \longrightarrow \underset{\text{糊精}}{(C_6H_{10}O_5)_n} \longrightarrow \underset{\text{麦芽糖}}{C_{12}H_{22}O_{11}} \longrightarrow \underset{\text{葡萄糖}}{C_6H_{12}O_6}$$

葡萄糖是淀粉最重要的下游产品之一，工业生产中常常使用玉米淀粉水解来加工结晶葡萄糖。

（3）淀粉的老化

淀粉加入适量水，加热搅拌糊化成淀粉糊（α-淀粉），冷却或冷冻后，会变得不透明甚至凝结而沉淀，这种现象称为淀粉的老化。将淀粉拌水制成糊状物，用悬垂法或挤出法成型，然后在沸水中煮沸片刻，令其糊化，捞出水冷（老化），干燥即得老化淀粉（粉丝）。

3. 实验条件

（1）试剂

1%淀粉溶液、10% NaOH 溶液、20% H_2SO_4 溶液、10% Na_2SO_4 溶液、稀碘液、乙醇、2% $CuSO_4$ 溶液、绿豆粉和甘薯淀粉（1∶1）或玉米和绿豆淀粉（7∶3）。

（2）实验仪器

试管夹、量筒、烧杯各 1 只，白瓷板 1 块、试管 1 支、水浴锅、多孔容器或分析筛。

4. 实验步骤

（1）淀粉与碘的反应

取少量淀粉于白瓷板孔内，加碘液两滴，观察颜色。

取试管一支，加入 1%的淀粉 6mL，加碘液两滴，摇匀，观察颜色变化。另取试管两支，将此淀粉均分为三等份并编号做如下实验：

试管 1 在酒精灯上加热，观察颜色变化。然后冷却，又观察颜色变化。

试管 2 加入 10% NaOH 溶液几滴，观察颜色变化。

试管 3 加入几滴乙醇，观察颜色变化。

记载上述实验过程和结果，并解释现象。

（2）淀粉水解实验设计

设计实验方案，试验淀粉能不能水解，水解的条件和产物是什么？怎样判断淀粉是否水解了？

① 在试管 1 中加入 0.5g 淀粉和 4mL 水，在试管 2 中加入 0.5g 淀粉和 4mL 20%的硫酸溶液，分别加热试管 3～4min。

② 把试管 2 中的一部分溶液倒入试管 3 中，留作下一步实验用。

③ 向试管 1 和试管 2 中加入几滴碘溶液。观察现象发现，试管 1 的溶液呈蓝色（淀粉遇碘变成蓝色），试管 2 无明显现象。不同现象的原因是：淀粉在酸性并加热的条件下发生了水解反应。

④ 向试管 3 中滴入 10%的碱液，中和溶液中的硫酸，把溶液调呈弱碱性，使溶液的 pH 值为 9～10。

⑤ 另取一支试管 4 加入 3mL 氢氧化钠溶液，并向其中滴入 4 滴 2%的硫酸铜溶液，立即有蓝色的氢氧化铜沉淀生成。再取试管 3 中的水解液 1mL 滴入，振荡混合均匀后，用酒精灯加热煮沸，溶液颜色常有蓝色—黄色—绿色（黄蓝两色混合）—红色等一系列变化，最终有红色沉淀生成。原因是氢氧化铜被还原生成红色难溶于水的氧化亚铜。

5. 结果处理

（1）淀粉与碘的反应（表 2-2）

表 2-2　淀粉与碘的反应结果

试管编号	反应颜色变化记录
试管 1	
试管 2	
试管 3	

（2）淀粉水解实验结果与分析（表 2-3）

表 2-3 淀粉水解实验结果

试管编号	反应现象记录与分析
试管 1	
试管 2	
试管 3	
试管 4	

6. 注意事项

淀粉水解的中间产物糊精（有分子量较大的红糊精和分子量较小的白糊精），对碘反应的颜色变化是：紫色—棕色—黄色。若淀粉水解不彻底，也会有不同的颜色出现。

7. 思考题

试管 1 为什么变成了蓝色？试管 2 为什么无明显现象？

如何验证淀粉没有还原性？

实验延伸设计：如何验证唾液酶对淀粉水解的催化作用？

通过本实验，你认为可以采取哪些措施提高粉丝质量？

实验 2-2　焦糖的制备及其性质

1. 实验目的

通过实验了解非酶褐变反应中的羰氨反应和焦糖化反应的作用机制，以及焦糖的性质和用途。

2. 实验原理

焦糖色又称酱色，为一种深红褐色的胶体物质，水溶液呈红褐色，透明无浑浊或沉淀，具有特殊的焦糖风味。产品有液体和固体两种，是食品工业上用量最大、最广泛的食品着色剂之一，常用于调味品、罐头、糖果饼干及饮料等方面的着色。生产酱色的主要原料为淀粉糖、蔗糖、葡萄糖、糖蜜等。

焦糖色反应主要有两个途径：一是羰氨反应，又称美拉德反应，是指糖（含羰基化合物）与氮（含氨基）化合物共热所引起的反应。反应中褐变产色机理主要是羰氨缩合反应，包括分子重排、降解、脱水；反应体系中的中间产物发生醇醛缩合、生成的褐红色素随机缩合；最终形成结构复杂的高分子类黑色素三个阶段。二是焦糖化反应，是指糖类在没有含氨基化合物存在的情况下，加热至熔点以上，生成深红褐色色素物质的反应。在此反应中，糖类物质经一系列脱水、降解、分子重排及环构化作用、分子间缩聚等，最后生成大分子量的深红褐色物质。

食品加工与贮存过程中，常发生由于美拉德反应所形成的色泽：如酿造酱油生产过程色泽的形成，长时贮存的酿造甜糯米酒、肉干、鱼干、脱水蔬菜色泽的褐变等。

焦糖色色率用 EBC 单位表示。根据欧洲啤酒酿造学会（European Brewery Couvention）规定：用 0.1%焦糖色（标准色），使用 1cm 比色皿，用可见光分光光度计于 610nm 吸光度为 0.076 时，相当于 20000 EBC 单位。

焦糖色具有等电点，其等电点随不同的制备条件而异，当把焦糖色添加到不同性质的食品时，介质的酸碱度不同而导致液体出现絮凝、浑浊等现象时有发生。本实验通过把焦糖色添加到不同性质的介质溶液中，通过色率的检测比较，了解焦糖色的性质。

3. 实验条件

（1）试剂

蔗糖、葡萄糖、80%乙醇、5%甘氨酸、12%醋酸溶液、30% NaCl。

(2) 实验仪器

可见光分光光度计、500W 电炉、1cm 比色皿、试管。

4. 实验步骤

(1) 焦糖制备

称取蔗糖 20.0g 放入瓷蒸发皿中，加水 1mL，使用 500W 电炉，加垫石棉网，搅拌下缓慢加热糖液至 170℃左右关闭电炉，利用电炉的余热使物料温度继续上升，在 190～195℃温度下保温 10min（若温度下降则重新开启电炉），观察糖液颜色的变化。然后在加热的条件下，把约 30mL 的热水分多次慢慢加入焦糖液中，不断搅拌使之溶解（加水速度不宜过快，以免焦糖液结成硬块），冷却，加水定容至 200mL，可制得含 10%的焦糖稀释液，过滤，编号为Ⅰ号。

称取葡萄糖 20.0g 放入瓷蒸发皿中，加水 2mL，搅拌下缓慢加热糖液至 125℃左右关闭电炉，待糖液温度上升至 140℃时，缓慢加入 1mL 5%甘氨酸溶液，然后继续搅拌加热至 155℃时，关闭电炉。借助电炉在 155～165℃条件下保温 10min。按上述方法加热溶解，加水定容至 200mL。可制得含 10%的焦糖稀释液，过滤，编号为Ⅱ号。

(2) 焦糖色率（EBC 单位）测定

用吸管分别吸取Ⅰ号、Ⅱ号焦糖色 1.0mL，分别移入 100mL 容量瓶，加水稀释至刻度，配成 0.1%样品稀释液，编号为Ⅲ号、Ⅳ号。

用可见光分光光度计，以蒸馏水调零，用 1cm 比色皿，分别测定 610nm 波长处吸光值。

计算结果，并填入表 2-4。

$$X=\frac{A_{610\text{nm}}\times 20000}{0.076}$$

式中　X——焦糖色率（EBC 单位）；

$A_{610\text{nm}}$——波长 610nm 时测定样品的吸光值；

0.076——0.1%焦糖标准色在波长 610nm 的吸光值。

表 2-4　实验结果记录表

样品	$A_{610\text{nm}}$	焦糖色率
Ⅲ号		
Ⅳ号		

（3）不同条件下焦糖的色率比较试验

吸取上述制备的Ⅰ号、Ⅱ号焦糖色稀释液 10mL，分别定容至 100mL，配成 1%焦糖液Ⅴ号、Ⅵ号。

取 8 根试管，按表 2-5 编号并加入试剂。

表 2-5　实验设计表

管号	1%焦糖Ⅴ/mL	1%焦糖Ⅵ/mL	水/mL	30% NaCl/mL	12%醋酸/mL	80%乙醇/mL	A_{510nm}
1	10		10				
2	10			10			
3	10				10		
4	10					10	
5		10	10				
6		10		10			
7		10			10		
8		10				10	

把表 2-5 配制好的溶液，以蒸馏水调零，在 510nm 波长条件下测定其吸光值，比较不同介质条件中焦糖色的增色效果。

5. 思考题

何为酶促褐变和非酶促褐变？

比较非酶褐变过程中，焦糖化反应与美拉德反应形成色素所需的异同点。

焦糖色作为食品添加剂可能用于哪方面食品中？

举例说明食品加工过程哪些工艺或措施是为了防止非酶促褐变发生的。

实验 2-3　酶的性质实验

1. 实验目的

加深对酶的性质的认识。

学会观察酶的专一性以及温度、酸度（pH）等因素对酶活性的重要影响。

2. 实验原理

酶具有高度的专一性。淀粉和蔗糖无还原性，唾液淀粉酶水解淀粉生成有还原性的麦芽糖，但不能催化蔗糖的水解。蔗糖酶能催化蔗糖水解产生还原性葡萄糖和果糖，但不能催化淀粉的水解。可用班氏（Benedict）试剂检查糖的还原性。

酶的活性受温度的影响。在最适温度下，酶的催化反应速度最快，大多数动物酶的最适温度在 37～40℃，植物酶的最适温度为 50～60℃。偏离此最适环境时，酶的活性减弱。

酶的活性受环境 pH 的影响极为显著。不同酶的最适 pH 值不同。本实验观察 pH 对唾液淀粉酶活性的影响，唾液淀粉酶的最适 pH 为 6.8。

3. 实验条件

（1）试剂

2%蔗糖溶液，至少要分析纯；溶于 0.3%氯化钠的 1%淀粉溶液，需新鲜配制；淀粉酶，取 0.5g 淀粉酶，定溶于 500mL 0.2%淀粉的 0.3%氯化钠溶液，需新鲜配制；班氏试剂，无水硫酸铜 1.74g 溶于 100mL 热水中，冷却后稀释至 150mL，取柠檬酸钠 173g，无水碳酸钠 100g 和 600mL 水共热，溶解后冷却并加水至 850mL，再将冷却的 150mL 硫酸铜溶液注入；碘化钾-碘溶液，将碘化钾 20g 及碘 10g 溶于 100mL 水中，使用前稀释 10 倍；0.2mol/L 磷酸氢二钠溶液；0.1mol/L 柠檬酸溶液；pH 试纸（pH＝5、pH＝6.8、pH＝8）。

（2）实验仪器

恒温水浴、试管及试管架、锥形瓶、吸管、滴管、白瓷板等。

4. 实验步骤

（1）酶的专一性

淀粉酶的专一性按表 2-6 操作。各管 37℃恒温水浴 15min，各加入 Benedict 试剂 2mL，沸水浴 2～3min 后观察现象。

表 2-6　实验设计表

试剂	管号	
	1	2
1%淀粉溶液/mL	3	—
2%蔗糖溶液/mL	—	3
淀粉酶溶液/mL	1	1

（2）温度对酶活性的影响

淀粉和可溶性淀粉遇碘呈蓝色。糊精按其分子的大小，遇碘可呈蓝色、紫色、暗褐色或红色，最小的糊精和麦芽糖遇碘不呈色。在不同的温度下，淀粉被唾液淀粉酶水解的程度，可由其遇碘呈现的颜色来判断。

取 6 支试管，编号后按表 2-7 加入试剂。

表 2-7　实验设计表

试剂	管号					
	1	2	3	4	5	6
1%淀粉溶液/mL	—	—	—	2	2	2
淀粉酶/mL	1	1	1	—	—	—

各管摇匀后，将 1 号管、4 号管两试管放入冰水浴中，2 号管、5 号管放入 37℃水浴中，3 号管、6 号管放入沸水浴中。5min 后将淀粉溶液倒入酶液中，充分摇匀，继续反应 5min，用碘化钾-碘溶液来检验 4 号、5 号、6 号管内淀粉被唾液淀粉酶水解的程度，记录并解释结果。

（3）pH 对酶活性的影响

取 4 个标有号码的 50mL 锥形瓶。用吸管按表 2-8 添加 0.2mol/L 磷酸氢二钠溶液和 0.1mol/L 柠檬酸溶液以制备 pH 5.0～8.0 的四种缓冲液。

表 2-8　实验设计表

锥形瓶号	0.2mol/L 磷酸氢二钠/mL	0.1mol/L 柠檬酸/mL	pH
1	5.15	4.85	5.0
2	6.05	3.95	5.8
3	7.72	2.28	6.8
4	9.72	0.28	8.0

从 4 个锥形瓶中各取缓冲液 3mL，分别注入 4 支编好号的试管中，随后于每个试管中添加 1%淀粉溶液 2mL 和淀粉酶溶液 2mL。向各试管中加入淀粉酶的时间间隔各为 1min。将各试管内容物混匀，并依次置于 37℃恒温水浴中保温 10min。向所有试管依次添加 2 滴碘化钾-碘溶液，观察各试管内容物呈现的颜色，分析 pH 对唾液淀粉酶活性的影响。

5. 思考题

试解释酶为什么具有很高的催化效率。

什么是酶的专一性？试从你所做实验及其结果解释酶具有这种性质。

实验 2-4　提取质粒/质粒制备

1. 实验目的

能够说出提取质粒的原理，并能够用不同的方式提取质粒。

能够提取质粒 *pCAMBIA* 1304 或 pUC 19。

2. 实验原理

利用改良的碱裂解法裂解大肠杆菌，利用硅胶膜离心柱特异地吸附 DNA，溶液包含指示剂，通过颜色变化，指示裂解、中和是否完全，从而保证质粒提取的质量，实现操作的可视化。

3. 实验条件

(1) 实验材料

菌株 *E. coli* DH5α 含质粒 *pCAMBIA* 1304 或 pUC 19。

(2) 试剂

LB 液体培养基、卡那霉素、氨苄青霉素、质粒提取试剂盒（Easy Pure Plasmid MiniPrep Kit）。

(3) 实验仪器

超净台、离心机、培养箱、灭菌锅等。

4. 实验步骤

第一次使用时，将试剂盒内的 RNase A 全部加入 Buffer S1 中，混合均匀，4℃贮存。

① 柱平衡步骤：向吸附柱中（吸附柱放入收集管中）加入 500μL 的 Buffer B，12000r/min 离心 1min，弃废液，将吸附柱重新放回收集管中（请使用当天处理过的柱子）。

② 取 1～5mL 培养过夜的菌液（若使用丰富培养基，菌液体积应减半或更少），12000r/min 离心 1min，弃尽上清（菌液较多时可以通过多次离心将菌体收集到一个离心管中）。

③ 加 250μL Buffer S1 悬浮细菌沉淀，可使用移液器或涡旋振荡器彻底悬浮细菌沉淀，悬浮需均匀，不应留有小的菌块。

* 确认 Buffer S1 中已加入 RNase A。

* 如果有未彻底混匀的菌块，会影响裂解效果，导致得率和纯度偏低。

④ 加 250μL Buffer S2，温和并充分地上下翻转 6～8 次使菌体充分裂解，直至形成清亮黏稠的溶液。

* Buffer S2 使用后立即盖紧瓶盖，以免空气中的 CO_2 中和 Buffer S2 中的 NaOH 反应，降低溶菌效率。

* 避免剧烈摇晃，否则将导致基因组 DNA 的污染。

* 此步骤不宜超过 5min，以免质粒受到破坏。

* 如果未变得清亮，可能由于菌体过多造成裂解不彻底，应减少菌体量。

⑤ 加 350μL Buffer S3，温和并充分地上下翻转混合 6～8 次，充分混匀，此时将出现白色絮状沉淀。12000r/min 离心 10min。

* P3 加入后应立即混合，避免产生局部沉淀。

* 避免剧烈摇晃，否则将导致基因组 DNA 的污染。

* 上清中如果还有微小白色沉淀，可再次离心后取上清。

⑥ 吸取步骤⑤中的离心上清并转移到吸附柱（置于 2mL 离心管中），注意尽量不要吸出沉淀。12000r/min 离心 30s～1min，弃滤液。

⑦ 可选步骤：吸附柱放回离心管，向吸附柱中加入 500μL Buffer P，12000r/min 离心 30s～60min，弃滤液。

* 如果宿主菌是 end A－宿主菌（DH5α、TOP10 等），这步可省略。

* 如果宿主菌是 end A＋宿主菌（TG1、BL21，HB101、JM 系列、ET12567 等），由于这些宿主菌含有大量的核酸酶，易降解质粒 DNA，推荐采用此步。

⑧ 将吸附柱放回离心管，加 600μL Buffer W，12000r/min 离心 30s～1min，弃滤液。

* 确认在 Buffer W 中已按试剂瓶上的指定体积加入无水乙醇。

⑨ 重复操作步骤⑧。

⑩ 将吸附柱放回离心管中，12000r/min 离心 2min，将吸附柱中残余的漂洗液去除。

* Buffer W 中乙醇的残留可能会影响后续酶切、PCR 等实验。建议将吸附柱开盖室温放置几分钟，彻底晾干吸附柱中残余的漂洗液。

⑪ 将吸附柱移入新的 1.5mL 离心管中，在吸附柱膜中央加 50～100μL Buffer E 或去离子水，室温静置 2min。12000r/min 离心 2min 将质粒溶液收集到离心管中。

* 加入 Buffer E 的体积不应少于 50μL，体积过小影响回收效率。

* 若后续做测序，需用去离子水做洗脱液，并保证其 pH 值在 7.0～8.5 内，pH 值低于 7.0 会降低回收效率。

* 将 Buffer E 或去离子水加热至 65℃可提高回收效率。

* 可将得到的溶液重新加入吸附柱中，室温放置 2min，12000r/min 离心

2min 将质粒溶液收集到离心管中。

5. 思考题

提取质粒可以用作后续的哪些实验？

提取的质粒电泳会出现几个条带？分析原因。

实验 2-5 质粒 DNA 的琼脂糖凝胶电泳

1. 实验目的

掌握琼脂糖凝胶电泳的原理和方法。

能够初步估算双链线性未知 DNA 分子的大小及浓度。

能够独立地配置规定浓度的琼脂糖凝胶。

能够正确地点样及电泳，会使用电泳仪及凝胶成像系统。

2. 实验原理

琼脂糖凝胶电泳是重组 DNA 研究中常用的技术，可用于分离、鉴定和纯化 DNA 片段。不同大小、不同形状和不同构象的 DNA 分子在相同的电泳条件下（如凝胶浓度、电流、电压、缓冲液等），有不同的迁移率，所以可通过电泳使其分离。凝胶中的 DNA 可与荧光染料溴化乙啶（EB）结合，在紫外灯下可看到荧光条带，借此可分析实验结果。

3. 实验条件

（1）实验材料

提取的质粒 DNA。

（2）试剂

琼脂糖、6×点样缓冲液（0.25%溴酚蓝）、40%蔗糖、DNA 分子量标准（DNA Marker）、1×TAE 电泳缓冲液、0.8%琼脂糖（0.8g 琼脂糖用 100mL 1×TAE 沸水浴溶解）、10mg/mL EB（溴化乙啶）、ddH_2O（双蒸水）等。

（3）实验仪器

电泳仪、水平式核酸电泳槽、电炉（微波炉）、紫外仪（凝胶成像分析系统）、一次性手套、微量移液器等。

4. 实验步骤

① 将凝胶成形模具水平放置，将选好的梳子放好，梳子底部与模具之间留 1mm 空间。

② 称取 DNA 电泳用琼脂糖（AGAROSE）0.5g 放入 250mL 的三角烧杯中，加入 50mL 1×TAE 电泳缓冲液，混匀后，将烧瓶置于微波炉上，加热煮沸，其间每 30s 戴手套后拿出摇匀继续煮沸，直至琼脂糖完全溶解。

③ 关闭微波炉，取出三角烧瓶，将其置室温下冷却至 70℃左右（手握烧瓶可以耐受），再加入核酸染料（10mg/mL）2.5μL，混匀后，即将凝胶溶液倒入胶板铺板。

④ 室温下待凝胶完全凝固，需时约 30min，拔出梳齿，将胶板放入电泳槽中。

⑤ 在电泳槽中加入 1×TAE 电泳缓冲液，以高出凝胶表面 2mm 为宜。

⑥ 取 2 支 EP 管，做好标记，如下所示准备电泳样品。

DNA Marker 5μL 与 6×Loading Buffer 点样液 3μL 混匀。

DNA 样品 5μL 与 6×Loading Buffer 点样液 3μL 混匀。

⑦ 将待测 DNA 样品置振荡器上混匀，短暂离心。

⑧ 用加样器吸取样品。依次分别加入两个点样孔中，注意加样器吸头应恰好置于凝胶点样孔中，不可刺穿凝胶，也要防止将样品溢出孔外。

⑨ 接通电源，调节电压至 50V，电泳 90min 后，将凝胶板取出，在紫外灯（凝胶成像分析系统）下观察结果。

5. 思考题

DNA 理想的电泳结果是什么？如果发生拖带，原因是什么？

1×TAE 电泳缓冲液的 pH 是多少？核酸分子带什么性质的电荷？移动方向是什么？

实验 2-6 紫外吸收法测核酸含量

1. 实验目的

学习紫外吸收法测定核酸含量的原理。

掌握利用紫外分光光度计测定核酸含量的方法。

2. 实验原理

DNA 和 RNA 都有吸收紫外线的性质，最大吸收峰在 260nm 波长处。紫外吸收是嘌呤环和嘧啶环的共轭双键系统所具有的性质，所有嘌呤和嘧啶的物质，都具有吸收紫外线的性质。核酸和核苷酸的摩尔吸光系数用 ε 表示。ε 为每升溶液中含有 1 摩尔核酸磷时的吸光度（即光密度或光吸度）。RNA 的 ε_{260nm}（pH＝7）为 7700～7800，RNA 中磷的质量分数约为 9.5％，因此每毫升溶液中含 1.0μg RNA 的吸光度为 0.022～0.024。小牛胸腺 DNA 钠盐的 ε_{260nm}（pH＝7）为 6600，含磷的质量分数为 9.2％，因此每毫升溶液中含 1.0μg DNA 钠盐的 A_{260} 为 0.020，含 1.0μg RNA 钠盐的 A_{260} 为 0.022。不同形式 DNA 紫外吸光度不同，因为 DNA 具有双螺旋结构，当过量的酸、碱或加热使 DNA 变性，则出现 ε_{260nm} 值升高的增色效应现象。在核苷酸量相同的情况下，ε_{260nm} 有以下关系：单核苷酸＞单链 DNA＞双链 DNA。DNA 变性后，双螺旋结构被破坏，碱基充分暴露，导致紫外吸光度增加，还可根据 DNA 溶液在 260nm 吸光度的变化监测 DNA 变性情况。变性 DNA 复性后，ε_{260nm} 值降低，称为减色效应。

蛋白质由于含有芳香氨基酸，也能吸收紫外光。蛋白质的吸收峰在 280nm 波长处，在 260nm 处的吸光度仅为核酸的 1/10 或更低，因此核酸样品中蛋白质含量较低时对核酸的紫外测定影响不大。RNA 在 260nm 与 280nm 处的吸光度的比值在 2.0 以上，DNA 在 260nm 与 280nm 处的吸光度的比值为 1.9 左右。当样品中蛋白质含量较高时该比值会下降。紫外吸收法测定核酸含量简便快速，灵敏度高，一般可达 3ng/L 的检测水平。

3. 实验条件

(1) 试剂

RNA 或 DNA 样品、钼酸铵－过氯酸沉淀剂（0.25％钼酸铵－2.5％过氯酸溶液）。

(2) 实验仪器

紫外分光光度计、容量瓶（50mL）、离心管、离心机等。

4. 实验步骤

① 用分析天平准确称取待测的核酸样品 0.05g，将样品配置成每毫升含 5～50μg 的核酸溶液。

② 取两支离心管甲、乙，向甲管内加入 2mL 样品溶液和 2mL 蒸馏水；向乙管内加入 2mL 样品溶液和 2mL 沉淀剂（以除去大分子核酸）作为对照。混匀，在冰浴或冰箱中放置 30min 后 3000r/min 离心 10min。从甲管和乙管中分别吸取 0.5mL 上清液，用蒸馏水定容至 50mL。

用光程为 1cm 的石英比色杯，以蒸馏水做空白，在紫外分光光度计上测定上述甲、乙两管的 A_{260nm} 和 A_{280nm}。

5. 结果处理

RNA 的质量浓度(mg/L)$=(A_{260nm甲}-A_{260nm乙})/0.024L\times$稀释倍数

DNA 的质量浓度(mg/L)$=(A_{260nm甲}-A_{260nm乙})/0.020L\times$稀释倍数

式中　A_{260nm}——260nm 波长处的光密度读数。

L——比色杯的厚度，一般为 1cm 或 0.5cm。

0.024——每毫升溶液内含 1.0μg RNA 的光密度值。

0.020——每毫升溶液内含 1.0μg DNA 钠盐时的光密度。

样品的纯度可用 A_{260nm}/A_{280nm} 比值进行判断。

6. 思考题

若测得的 RNA 样品 A_{260nm}/A_{280nm} 比值远低于 2.0，或大于 2.2，说明什么问题？应如何改进核酸的提取过程？

实验 2-7　纸层析法分离氨基酸

1. 实验目的

掌握分配层析的原理，学习氨基酸纸层析法的操作技术，包括点样、平衡、扩展、显色、鉴定及定量。

2. 实验原理

纸层析是以滤纸为惰性支持物的分配层析。滤纸纤维上的羟基具有亲水性，吸附一层水作为固定相，有机溶剂为流动相。当有机相流经固定相时，物质在两相间不断分配而得到分离。

溶质在滤纸上的移动速度用比移值 R_f 值表示：

$$R_f=\text{原点到层析斑点中心的距离}/\text{原点到溶剂前沿的距离}$$

在一定的条件下某种物质的 R_f 值是常数。R_f 值的大小与物质的结构、性质、溶剂系统、层析滤纸的质量和层析温度等因素有关。

3. 实验条件

（1）试剂

扩展剂（正丁醇：醋酸：水=4：1：5）、0.5%氨基酸标准液（赖氨酸、脯氨酸、缬氨酸、苯丙氨酸、亮氨酸及混合氨基酸溶液）、0.1%水合茚三酮正丁醇溶液（显色剂）等。

（2）实验仪器

层析缸、毛细管、喷雾器、培养皿、层析滤纸、吹风机、小烧杯等。

4. 实验步骤

① 滤纸：选用国产新华 1 号滤纸，22cm×14cm。在距滤纸 2cm 处画线，用铅笔在线上标上 6 个点作为点样位置（留出缝线空间）。

② 点样：点样要合适，样品点得太浓，斑点易扩散或拉长，以致分离不清。用毛细管吸取氨基酸样品，与滤纸垂直方向轻轻碰触点样处的中心，这时样品就自动流出。点样的扩散直径控制在 0.3cm 之内，点样过程中必须在第一滴样品干后再点第二滴，为使样品加速干燥，可用吹风机吹干，但要注意温度不可过高，以免氨基酸破坏，影响定量结果。

将点好样品的滤纸两侧比齐，用线缝好，揉成筒状。注意缝线处纸的两边不要接触。避免由于毛细管现象使溶剂沿两边移动特别快而造成溶剂前沿不齐，影响 R_f 值。

③ 扩展：用线将滤纸缝成筒状，纸的两边不能接触。将盛有 20mL 扩展剂的培养皿迅速置于密闭的层析缸中，并将滤纸直立于培养皿中（点样的一段在下，扩展剂的液面需低于点样线 1cm）。待溶液上升 15～20cm 时即取出滤纸，用铅笔描出溶剂前沿界限自然干燥或用热风干燥。

④ 显色：待展层基本结束后，用喷雾器均匀喷上 0.1%茚三酮正丁醇溶液，然后烘箱中烘烤 5min（100℃）或用热风吹干即可显现出各层析斑点。

⑤ R_f 值的计算：用尺测量显色斑点的中心与原点（点样中心）之间的距离和原点到溶剂前沿的距离，求出此值，即得氨基酸的 R_f 值。

5. 结果处理

实验结果填入表 2-9 中。

表 2-9　实验结果记录表

指标	赖氨酸	脯氨酸	缬氨酸	苯丙氨酸	亮氨酸	混合氨基酸溶液
原点到层析斑点中心的距离						
原点到溶剂前沿的距离						
R_f						

6. 思考题

为什么在展层时有时用一种溶剂系统，有时用两种溶剂系统？

酸性溶剂系统（或碱性溶剂系统）对氨基酸极性基团的解离有何影响？

酸性溶剂系统（或碱性溶剂系统）对碱性氨基酸（赖氨酸、精氨酸、组氨酸）和酸性氨基酸（天冬氨酸、谷氨酸）的 R_f 值有什么影响？

实验 2-8　SDS-聚丙烯酰胺凝胶电泳法测定蛋白质的分子量

1. 实验目的

用 SDS-PAGE 法测定样品中蛋白质分子量。

明确实验原理、掌握实验方法、熟悉操作过程。

2. 实验原理

带电颗粒在单位电场中泳动的速度称为迁移率或泳动度（mobility)。泳动度与带电颗粒所带静重蒸水电荷的数量、颗粒大小和形状有关。一般来说，颗粒所带静电荷的数量越多，颗粒越小，越接近球形，则泳动度越大。SDS 即十二烷基硫酸钠（sodium dodecyl sulfate)，是一种阴离子去污剂。由于 SDS 带有大量负电荷，当其与蛋白质结合时，所带的负电荷大大超过了蛋白质原有的负电荷，能使不同种类蛋白质均带有相同密度的负电荷，因而消除或掩盖了不同种类蛋白质原有电荷的差异。在蛋白质溶解液中，加入 SDS 和巯基乙醇，由于巯基乙醇具有还原性，因此可使蛋白质分子中的二硫键还原，从而使具有四级结构的蛋白质分成单个亚基（subunit)；SDS 则可使蛋白质的氢键、疏水键打开，引起蛋白质构象的变化，形成近似雪茄形的长椭圆棒状蛋白质-SDS 复合物，不同种类蛋白质的蛋白质-SDS 复合物的短轴相同，约为 1.8nm，而长轴则与蛋白质的 M_r 成正比。这样，不同种类蛋白质的蛋白质-SDS 复合物在凝胶电泳中的泳动度不再受蛋白质原有电荷和形状的影响，而只与椭圆棒的长度，也就是蛋白质的 M_r 有关。蛋白质的 M_r 越大，迁移率越小。研究表明，在一定的条件下，蛋白质 M_r 的对数（$\lg M_r$）与其 R_f 成负相关。在测定未知蛋白质的 M_r 时，可选用一组合适的标准蛋白以及适宜的凝胶浓度，与待测蛋白质样品同时进行 SDS-PAGE，然后根据已知 M_r 蛋白质的电泳迁移率与其 M_r 的对数（$\lg M_r$）作出标准曲线，最后根据未知 M_r 蛋白质的电泳迁移率求得其 M_r。单体丙烯酰胺（acrylamide，Acr）和交联剂 N,N-甲叉双丙烯酰胺（methylene-bisacrylamide，Bis）在加速剂和催化剂的作用下可以聚合联结成具有三维网状结构的凝胶。常用的催化剂为过硫酸铵（AP)，加速剂为四甲基乙二胺（TEMED)。

3. 实验条件

（1）实验材料

0.5mg/mL 牛血清白蛋白、低分子量预制蛋白质分子量标记、碧云天

SDS-PAGE凝胶配制试剂盒、碧云天SDS-PAGE蛋白上样缓冲液（5X）。

（2）试剂

Tris-甘氨酸电泳缓冲液（pH 8.3）：称取6.0g Tris、28.8g甘氨酸、1.0g SDS，用去离子水溶解后定容至1L。

染色液：称取0.25g考马斯亮蓝G250，加入454mL 50%甲醇，再加入46mL冰乙酸。

脱色液：将75mL冰乙酸、875mL蒸馏水与50mL甲醇混匀。

（3）实验仪器

垂直板电泳槽、电泳仪、微量进液器等。

4. 实验步骤

① 装板：将垂直型电泳装置内的板状凝胶模子取出，将玻璃片洗净、晾干、嵌入凹槽中，形成一个夹心凝胶腔，把装好的凝胶腔置于电极上槽。将电泳槽、凝胶模子串成一体的垂直板电泳装置，垂直放置在水平台面上，准备灌注胶液。

② 制备分离胶：每个胶板配制10mL，本实验采用SDS-PAGE不连续系统，配制表2-10所需浓度的分离胶（8%）。

表2-10 不同体积8%分离胶配制方法

成分	配制不同体积SDS-PAGE分离胶所需各成分的体积/mL					
8%分离胶	5	10	15	20	30	50
蒸馏水	1.7	3.3	5.0	6.7	10.0	16.7
30%Acr-Bis(29∶1)	1.3	2.7	4.0	5.3	8.0	13.3
1mol/L Tris(pH 8.8)	1.9	3.8	5.7	7.6	11.4	19.0
10%SDS	0.05	0.1	0.15	0.2	0.3	0.5
10%凝胶聚合催化剂	0.05	0.1	0.15	0.2	0.3	0.5
TEMED	0.003	0.006	0.009	0.012	0.018	0.03

③ 分离胶的灌注和聚合：迅速在两玻璃板的间隙中灌注（约8mL），留出梳齿的齿高外加1cm的空间以便灌注浓缩胶。再在胶液面上小心注入一层蒸馏水或异丙醇（约1mL）。聚合约30min，倾出覆盖水层或异丙醇，再用滤纸条吸净残留水。

④ 制备5%浓缩胶：每个胶板制备5mL。最后一切准备好后再加入AP。按照表2-11配制SDS-PAGE的浓缩胶（也称堆积胶、积层胶或上层胶）。

表 2-11 不同体积 5%浓缩胶配制方法

成分	配制不同体积 SDS-PAGE 浓缩胶所需各成分的体积/mL					
5%浓缩胶	2	3	4	6	8	10
蒸馏水	1.38	2.06	2.75	4.13	5.54	6.85
30%Acr-Bis(29∶1)	0.33	0.5	0.67	1.0	1.3	1.7
1mol/L Tris(pH 6.8)	0.25	0.38	0.5	0.75	1.0	1.25
10%SDS	0.02	0.03	0.04	0.06	0.08	0.1
10%凝胶聚合催化剂	0.02	0.03	0.04	0.06	0.08	0.1
TEMED	0.002	0.003	0.004	0.006	0.008	0.01

⑤ 灌注浓缩胶：在聚合的分离胶上直接灌注浓缩胶（约 4mL），立即在浓缩胶溶液中插入干净的梳子。小心避免混入气泡，将凝胶垂直放置于室温下。聚合约 30min。

⑥ 样品的处理：待测样品 8μL 与 2μL 样品缓冲液混匀，在 100℃加热 3min，使蛋白质充分变性，冷却至室温。

⑦ 上样：去掉胶条，把凝胶板固定于电泳装置上，低面向内，内外槽各加入 Tris-甘氨酸电泳缓冲液，向凝胶梳孔内加样 10μL，同时加入 Marker 5μL。

⑧ 电泳：将电泳装置与电源相接，稳压 80V，当染料前沿进入分离胶后，调到 120V。继续电泳直至溴酚蓝到达分离胶底部上方约 1cm，然后关闭电源。

⑨ 染色与脱色：从电泳装置上卸下玻璃板，取下凝胶，用刮勺撬开玻璃板。小心取出凝胶，切掉浓缩胶，将分离胶进行染色 30min。染色完毕，倒出染色液，加入脱色液，脱色期间更换数次脱色液，至背景清楚。脱色后，可将凝胶浸于水中，或长期封装在塑料袋内而不降低染色强度。为了永久性记录，可对凝胶进行拍照，或将凝胶干燥成胶片。

5. 结果处理

确定牛血清蛋白分子量。

6. 思考题

实验过程中主要试剂的作用分别是什么？

实验 2-9　底物浓度对酶促反应速度的影响——米氏常数的测定

1. 实验目的

了解底物浓度对酶促反应的影响。

掌握测定米氏常数 K_m 的原理和方法。

2. 实验原理

酶促反应速度与底物浓度的关系可用米氏方程来表示：

$$v=V[S]/(K_m+[S])$$

式中　v——反应初速度（微摩尔浓度变化，min）；

V——最大反应速度（微摩尔浓度变化，min）；

[S]——底物浓度，mol/L；

K_m——米氏常数，mol/L。

这个方程表明当已知 K_m 及 V 时，酶促反应速度与底物浓度之间的定量关系。K_m 值等于酶促反应速度达到最大反应速度一半时所对应的底物浓度，是酶的特征常数之一。不同的酶，K_m 值不同，同一种酶与不同底物反应 K_m 值也不同，K_m 值可以近似地反映酶与底物的亲和力大小：K_m 值越大，表明亲和力小；K_m 值小，表明亲和力大。则测 K_m 值是酶学研究的一个重要方法。大多数纯酶的 K_m 值在 0.01～100mmol/L。

双倒数作图法（Lineweaver-Burk 作图法）是用实验方法测 K_m 值的最常用的简便方法：

$$\frac{1}{v}=\frac{K_m}{V}\times\frac{1}{[S]}+\frac{1}{V}$$

实验时可选择不同的 [S]，测定对应的 v，以 $\frac{1}{v}$ 对 $\frac{1}{[S]}$ 作图，得到一个斜率为 $\frac{K_m}{V}$ 的直线，其截距的负倒数则为 $\frac{1}{K_m}$，由此可求出 K_m 的值（截距的负倒数）。

本实验以胰蛋白酶消化酪蛋白为例，采用 Lineweaver-Burk 双倒数作图法测定。胰蛋白酶催化蛋白质中碱性氨基酸（L-精氨酸和 L-赖氨酸）的羧基所形成的肽键水解。水解时有自由氨基生成，可用甲醛滴定法判断自由氨基增加的数量而跟踪反应，求得初速度。

3. 实验条件

（1）试剂

10～40g/L 的酪蛋白标准溶液（pH 8.5）：分别取 10g、20g、30g、40g 酪蛋白溶于约 900mL 水中，加 20mL 1mol/L NaOH 连续振荡，微热直至溶解，以 1mol/L HCl 或 1mol/L NaOH 调 pH 至 8.5，定容 1L，即生成四种不同［s］的酪蛋白标准溶液。

中性甲醛溶液：100mL 分析甲醛加 20mL 0.25%酚酞乙醇溶液，以 0.1mol/L NaOH 滴至微红，密闭于玻璃瓶中。

0.25%酚酞乙醇溶液：2.5g 酚酞以 50%乙醇溶解，并定容至 1L。

0.1mol/L 标准 NaOH 溶液：事先用邻苯二甲酸氢钾标定过。

胰酶溶液：称取 3g 胰酶（胰蛋白酶、胰淀粉酶、胰脂肪酶的混合物）溶于 25mL 蒸馏水中，放入冰箱保存。

（2）实验仪器

恒温水浴、50mL 三角烧瓶（×16）、150mL 三角烧瓶（×4）、吸管 5mL（×1）、吸管 10mL（×5）、量筒 100mL（×4）、25mL 碱式滴定管及滴定台、蝴蝶夹、恒温水浴、滴管。

4. 实验步骤

① 取 50mL 三角瓶 4 个，加入 5mL 甲醛与 1 滴酚酞，以 0.1mol/L 标准 NaOH 滴定至微红色，4 个瓶颜色应当一致，编号。

② 量取 40g/L 酪蛋白 50mL，加入 150mL 三角烧瓶，37℃保温 10min；同时胰蛋白酶液也在 37℃保温 10min，然后吸取 5mL 酶液加到酪蛋白液中，同时计时，充分混合后立即取出 10mL 反应液（定为 0 号样品）加入一含甲醛的小三角烧瓶中（1 号）加 10 滴酚酞。以 0.1mol/L NaOH 毫升数，记下耗去的 0.1mol/L 标准 NaOH 的毫升数。在接近终点时，按耗去的 NaOH(mL)，每毫升加 1 滴酚酞，再继续滴至终点，记录消耗的 0.1mol/L NaOH(mL)。

③ 在 2min、4min、6min 时，分别取出 10mL 反应液，加入 2 号、3 号、4 号小三角烧瓶，同上操作，记下耗去 NaOH 的毫升数。

④ 以滴定度（即 NaOH 的毫升数）对时间作图，得一直线，其斜率即初速度为 V_{40}（相对于 40g/L 的酪蛋白浓度）。

⑤ 然后分别量取 30g/L、20g/L、10g/L 的酪蛋白溶液，重复上述操作，分别测出 V_{30}、V_{20}、V_{10}。

利用上述结果，以$\frac{1}{v}$对$\frac{1}{[S]}$作图，即求出 V 与 K_m 值。

5. 思考题

试述底物浓度对酶促反应速度的影响。

在什么条件下，测定酶的 K_m 值可以作为鉴定酶的一种手段，为什么？

米式方程中的 K_m 值有何实际应用？

实验 2-10　卵磷脂的提取与鉴定

1. 实验目的

熟悉磷脂类物质的结构和性质。

掌握卵磷脂的提取鉴定的原理和方法。

2. 实验原理

磷脂是生物体组织细胞的重要成分，主要存在于大豆等植物组织以及动物的肝、脑、脾、心等组织中，在蛋黄中含量较多（10%左右）。卵磷脂和脑磷脂均溶于乙醚而不溶于丙酮，利用此性质可将其与中性脂肪分离开；此外，卵磷脂能溶于乙醇而脑磷脂不溶，利用此性质又可将卵磷脂和脑磷脂分离。

新提取的卵磷脂为白色，当与空气接触后，其所含不饱和脂肪酸会被氧化而使卵磷脂呈黄褐色。卵磷脂被碱水解后可分解为脂肪酸盐、甘油、胆碱和磷酸盐。甘油与硫酸氢钾共热，可生成具有特殊臭味的丙烯醛；磷酸盐在酸性条件下与钼酸铵作用，生成黄色的磷钼酸沉淀；胆碱在碱的进一步作用下生成无色且具有氨和鱼腥气味的三甲胺。这样通过对分解产物的检验可以对卵磷脂进行鉴定。

3. 实验条件

（1）试剂

鸡蛋黄、红色石蕊试纸、95%乙醇、10%氢氧化钠溶液、丙酮、乙醚、3%溴的四氯化碳溶液、硫酸氢钾。

钼酸铵试剂：将 6g 钼酸铵溶于 15mL 蒸馏水中，加入 5mL 浓氨水，另外将 24mL 浓硝酸溶于 46mL 的蒸馏水中，两者混合静置一天后再用。

（2）实验仪器

小烧杯、试管、水浴锅、蒸发皿、玻璃棒。

4. 实验步骤

（1）卵磷脂的提取

称取约 10g 蛋黄于小烧杯中，加入温热的 95%乙醇 30mL，边加边搅拌均匀，冷却后过滤。如滤液仍然混浊，可重新过滤直至完全透明。将滤液置于蒸发皿内，水浴锅中蒸干，所得干物即为卵磷脂。

（2）卵磷脂的溶解性

取干燥试管，加入少许卵磷脂，再加入 5mL 乙醚，用玻棒搅动使卵磷脂溶解，逐滴加入丙酮 3～5mL，观察实验现象。

（3）卵磷脂的鉴定

① 三甲胺的检验。取干燥试管一支，加入少量提取的卵磷脂以及2～5mL氢氧化钠溶液，放入水浴中加热15min，在管口放一片红色石蕊试纸，观察颜色有无变化，并嗅其气味。将加热过的溶液过滤，滤液供下面检验。

② 不饱和性检验。取干净试管一支，加入10滴上述滤液，再加入1～2滴3%溴的四氯化碳溶液，振摇试管，观察有何现象产生。

③ 磷酸的检验。取干净试管一支，加入10滴上述滤液和5～10滴95%乙醇溶液，然后再加入5～10滴钼酸铵试剂，观察现象；最后将试管放入热水浴中加热5～10min，观察有何变化。

④ 甘油的检验。取干净试管一支，加入少许卵磷脂和0.2g硫酸氢钾，用试管夹夹住并先在小火上略微加热，使卵磷脂和硫酸氢钾混熔，然后再集中加热，待有水蒸气放出时，嗅有何气味产生。

5. 思考题

向卵磷脂粗品添加丙酮的作用是什么？可去除何种杂质？

第3章
食品营养与卫生检验

实验 3-1　肉类制品的卫生检验

1. 实验目的

通过实验掌握灌肠、腊肠、火腿等的感官检验方法与标准，熟悉肉制品化学残留物的化学检验方法。正确掌握肉制品的食用原则。

宣威火腿亚硝酸盐的检验。

2. 实验原理

亚硝酸盐在酸性溶液中，与对氨基苯磺酸重氮化，再与萘乙二胺发生偶联反应，生成紫红色化合物，与标准系列比较定量。

3. 实验条件

（1）实验仪器

水浴锅、组织捣碎机、分光光度计等。

（2）试剂

氯化铵缓冲液、硫酸锌溶液（0.42mol/L）、氢氧化钠溶液（20g/L）、对氨基苯磺酸溶液、*N*-1-萘基乙二胺溶液（1g/L）、显色剂、亚硝酸钠标准溶液、亚硝酸钠标准使用液等。

4. 实验步骤

① 样品处理。称取 10.0g 宣威火腿样品捣碎混匀的样品，置于 250mL 烧杯中，加 70mL 水和 12mL 氢氧化钠溶液（20g/L）调样品 pH=8，定量转移 200mL 容量瓶中，加 10mL 硫酸锌溶液，混匀。如不产生沉淀，再补加 2～5mL 氢氧化钠溶液，混匀。置 60℃水浴中加热 10min，取出后冷至室温，加水至刻度，混匀。放置 0.5h，用滤纸过滤，收集中间滤液备用。

② 亚硝酸钠标准曲线的制备。吸取 0mL、0.5mL、1.0mL、2.0mL、3.0mL、4.0mL、5.0mL 亚硝酸钠标准使用液（相当于 0、2.5、5、10、15、20、25μg 的亚硝酸钠），分别置于 25mL 带塞比色管中。于标准管中分别加入

4.5mL氯化铵缓冲液，加2.5mL 60%乙酸后立即加入5.0mL显色剂，加水至刻度，混匀。在暗处静置25min，用1cm比色杯（灵敏度低时可换2cm比色杯），以零管调节零点，于波长550nm处测吸光度，绘制标准曲线。

③ 样品测定。吸取10mL样品处理液于25mL带塞比色管中，按以上方法操作，同时做试剂空白试验。

④ 计算。

$$X=m_2\times1000/m_1\times V_2/V_1\times100$$

式中　X——样品中亚硝酸盐的含量，mg/kg；

m_1——样品重量，g；

m_2——测定用样液中亚硝酸盐的质量，μg。

V_2——测定用样液体积，mL；

V_1——试样处理液总体积，mL。

5.感官检验

(1) 肉类制品质量感官鉴别原则

肉类制品包括灌肠（肚）类、酱卤肉类、烧烤肉类、肴肉、咸肉、腊肉火腿，以及板鸭、烧鸡等。以外观、色泽、组织状态、气味和滋味等感官指标为依据的，注意肉类制品的色泽是否鲜明，有无加入人工合成色素；肉质的坚实程度和弹性如何；有无异臭、异物、霉斑等；是否具有该类制品所特有的正常气味和滋味。

(2) 几种肉制品感官检验标准

① 香肠（腊肠）、香肚的质量卫生要求。用于鲜（冻）猪肉切碎或绞碎后加入辅助材料灌进经加工的肠衣或膀胱，再晾晒或烘焙而成的肉制品。肠衣（肠皮）干燥完整，并与内容物密切结合，坚实而有弹力，无黏液及霉斑。切面坚实而湿润，肉呈均匀的蔷薇红色，脂肪为白色。无腐臭，无酸败味。

② 广式腊味（腊肠、腊肉）。广式腊味系指用鲜猪肉切成条状，经腌制（腊肉）或切碎腌制灌入肠衣（腊肠）后，经烘焙或晾晒而成的肉制品。

③ 火腿的级别、质量鉴别与卫生标准。火腿有三种类型：南腿（金华火腿）、北腿（苏北火腿）、云腿（榕峰火腿）。其中，以金华火腿最为著名。不管何种火腿，其坯料要求屠宰时放血干净、不带毛、不吹气、腿肉新鲜、皮薄无损伤、无斑痕、腿爪细、腿心丰满，加工时需经修腿胚、腿形、腌制、浸腿、洗刷、晒腿、发酵等七个工序。

火腿肉块的外面应干燥、清洁，无虫蛀现象，肉皮坚硬，肉质结实；若肉块表面显得湿润、松软，或有霉烂、虫蛀，皮上有黏液者，则为劣品。

上等的火腿肌肉应是紧密且富有弹性，其切面为深红色、色泽均匀；如果肌肉质地松软，切面色泽不均匀，呈灰色、褐色或黑色者，为劣差货。

火腿上的脂肪，其质坚实、色淡黄者，为质佳之品；如脂肪质松软、色为金黄者，则为下品。

优质火腿应闻不到酸败味或哈喇油味；倘若闻及，即示质劣。以竹签刺入肌肉深厚处，拔出后嗅竹签上有无上述气味，并按此法检查不同部位，但每刺探一次，均须另换一根竹签，以免气味混淆。

(3) 肉制品质量感官鉴别后的食用原则

肉制品在腐败的过程中，由于组织成分被分解，首先使肉品的感官性状发生令人难以接受的改变，因此借助于人的感官来鉴别其质量优劣，具有很重要的现实意义。

新鲜（或次质）的肉制品，根据具体情况进行必要的处理。对稍不新鲜的，一般不限制出售，但要求货主尽快销售完，不宜继续保存。对有腐败气味的，须经修割、剔除变质的表层或其他部分后，再高温处理，方可供应食用及销售。腐败变质的肉及肉制品，禁止供食用和出售，应予以销毁或作工业用。

实验 3-2　鲜奶的卫生检验

1. 实验目的

了解我国食品卫生标准中鲜奶卫生检验的基本项目、方法、内容及判定标准，掌握鲜奶各项卫生学检验的实际意义。

2. 鲜奶的感官检验

感官检验是鲜奶卫生检验首先进行的指标，也是日常生活中人们判定鲜奶能否食用的最常用方法。实验步骤如下：

① 采样。根据检验目的可直接采取瓶装成品鲜奶，也可从牛舍的奶桶中采样，这时应注意先将牛奶混匀，采样器应事先消毒。一般采样量在 200～250mL。

② 检查。将鲜奶样品摇匀后，倒入一小烧杯中（约 30mL），仔细观察其外观、色泽（是否带有白色、绿色或明显的黄色）、组织状态（如是否有絮状物或凝块）；嗅其气味；且要经煮后尝其味。

③ 评价标准。鲜奶应在感官检查中符合以下标准：

外观及色泽：正常鲜奶为乳白色或稍带微黄色的均匀胶态液体，无沉淀、无凝块、无杂质。

气味与滋味：鲜奶微甜，具有新鲜牛奶所特有的香味，无异味。

3. 鲜奶比重的测定

（1）实验原理

鲜奶比重是用乳比重计（也称乳稠计）进行测定，通常使用的乳比重计有两种：20℃/4℃（即 D4）是 20℃的牛奶重量与同体积 4℃纯水的重量之比；15℃/15℃（即 D15）是 15℃的牛奶重量与同温度同体积纯水的重量之比。这两种乳稠计以 20℃/4℃应用较多。

（2）实验条件

乳比重计（乳稠计）：20℃/4℃或 15℃/15℃、温度计（0～100℃）、玻璃圆筒（或 200～250mL 量筒）。

（3）实验步骤

测定样品温度：将乳样混匀，用温度计测定其温度，一般应在 10～20℃之间。

移入量筒：将乳样沿量筒壁小心倒入 200mL 量筒中，注意应尽量不产生泡沫，倒入量应为量筒体积的 3/4 为宜。

读数：用手握住乳比重计（20℃/4℃）上端，小心地沉入乳样品中，并让它在样品溶液中自由浮动，但不能与玻璃量筒内壁接触，静止 2～3min 后，读出乳比重计的刻度（以液平凹线为准）。

计算：根据乳比重计的读数和乳样温度，直接查牛乳温度换算表（表 3-1），将乳比重计读数换算成 20℃时的读数，再按下式计算。

$$\gamma_4^{20}=1+X_1/1000$$

式中　γ_4^{20}——样品的比重；

X_1——乳比重计读数。

表 3-1　牛乳温度换算表

乳稠计读数	牛乳温度/℃													
	10	11	12	13	14	15	16	17	18	19	20	21	22	23
	换算成 20℃时牛乳乳稠计读数													
25	23.3	23.5	23.6	23.7	23.9	24	24.2	24.4	24.6	24.8	25	25.2	25.4	25.6
25.5	23.7	23.9	24	24.2	24.4	24.5	24.7	24.9	25.1	25.3	25.5	25.7	25.9	26.1
26	24.2	24.4	24.5	24.7	24.9	25	25.2	25.4	25.6	25.8	26	26.2	26.4	26.6
26.5	24.6	24.8	24.9	25.1	25.3	25.4	25.6	25.8	26	26.3	26.5	26.7	26.9	27.1
27	25.1	25.3	25.5	25.6	25.7	25.9	26.1	26.3	26.5	26.8	27	27.2	27.5	27.7
27.5	25.5	25.7	25.8	26.1	26.1	26.3	26.6	26.8	27	27.3	27.5	27.7	28	28.2
28	26	26.1	26.3	26.5	26.6	26.8	27	27.3	27.5	27.8	28	28.2	28.5	28.7
28.5	26.4	26.6	26.8	27	27.1	27.3	27.5	27.8	28	28.3	28.5	28.7	29	29.2
29	26.9	27.1	27.3	27.5	27.6	27.8	28	28.3	28.5	28.8	29	29.2	29.5	29.7
29.5	27.4	27.6	27.8	28	28.1	28.3	28.5	28.8	29	29.3	29.5	29.7	30	30.2
30	27.9	28.1	28.3	28.5	28.6	28.8	29	29.3	29.5	29.8	30	30.2	30.5	30.7
30.5	28.3	28.5	28.7	28.9	29.1	29.3	29.5	29.8	30	30.3	30.5	30.7	31	31.2
31	28.8	29	29.2	29.4	29.6	29.8	30.1	30.3	30.5	30.8	31	31.2	31.5	31.7
31.5	29.3	29.5	29.7	29.9	30.1	30.2	30.5	30.7	31	31.3	31.5	31.7	32	32.2
32	29.8	30	30.2	30.4	30.6	30.7	31	31.2	31.5	31.8	32	32.3	32.5	32.3

（4）注意事项

鲜奶主要由水、脂肪、蛋白质、碳水化合物（主要是乳糖），盐类等按一定比例构成。这些成分构成了鲜奶固有的理化性质，如鲜奶的比重（或乳清比重)、折光率等比较稳定，常将它们作为评价鲜奶卫生质量的指标。

鲜奶的比重一般在 1.028～1.034，掺水后比重降低；脱脂或加入无脂干物质（如淀粉）后可使比重升高。如果牛奶既脱脂又加水，则比重可能无变化，这就是牛奶的“双掺假”。因此，单纯根据鲜奶比重并不能全面、准确地判定其质量。

4. 鲜奶酸度的测定

（1）实验原理

牛奶酸度（°T）是指中和 100mL 牛奶中的酸所消耗 0.1mol/L 氢氧化钠的毫升数，新鲜牛奶酸度正常酸度为 16～18°T。牛奶酸度因细菌分解乳糖产生乳酸而增高。酸度是反映牛奶新鲜度的一项重要指标。

（2）实验条件

① 试剂。0.1mol/L 氢氧化钠、1%酚酞指示剂。

② 实验仪器。250mL 或 150mL 锥形瓶、10mL 或 25mL 容量吸管、50mL 或 25mL 碱性滴定管。

（3）实验步骤

精确吸取匀质乳样 10mL 于 150mL 锥形瓶中，加 20mL 经煮沸冷却后蒸馏水（去 CO_2）进行稀释，加酚酞指示剂 3 滴，混匀。从碱性滴定管中缓慢滴入 0.1mol/L 氢氧化钠，边滴边摇动锥形瓶，直至出现微红色在 1min 内不消失为止，记录此时消耗 0.1mol/L 氢氧化钠的毫升数。

（4）结果处理

$$\text{酸度}(°\mathrm{T}) = V \times 10$$

式中 V——消耗 0.1mol/L 氢氧化钠标准溶液的毫升数。

（5）注意事项

使用的 0.1mol/L NaOH 应经精密标定后使用，故所用蒸馏水配置。

温度对乳的 pH 有影响，因乳中具有微酸性物质，离解程度与温度有关，温度低时滴定酸度偏低。最好在 20℃±5℃时滴定为宜。

滴定速度越慢，则消耗碱液越多，误差大，最好在 20～30s 完成滴定。

在试验过程中最好是一个人滴定，对终点的判断没有太大的差别。

实验3-3　食用动物性油脂的卫生检验

1. 实验目的

掌握食用动物性油脂的实验室检查方法及卫生评定标准。

2. 酸价测定——中和法

（1）实验原理

油脂在空气中暴露时间过长时，因水分或其他杂质的存在，加上酶或热能作用，会逐渐水解产生游离脂肪酸。因此油脂的质量与油脂中游离脂肪酸的含量有关。脂肪中所含的游离脂肪酸能溶于有机溶剂，可用氢氧化钾标准溶液进行滴定。

酸价指中和1g油脂中所含的游离脂肪酸消耗氢氧化钾的毫克数。酸价越高，表示油脂中游离脂肪酸含量越高，油脂的质量越差；反之，酸价越低，表示油脂中游离脂肪酸的含量越低，油脂的质量越好。

（2）实验条件

① 试剂。酚酞指示剂、中性乙醚乙醇溶液、0.1mol/L氢氧化钾标准溶液。

② 实验器材。微型绞肉机、恒温水浴锅、碱式滴定管等。

（3）实验步骤

将样品中脂肪取出，用绞肉机绞碎或用乳钵研碎后，放入烧杯中，置80～90℃水浴上使其熔化。然后精确称取3～5g熔化的油脂于100mL具塞锥形瓶中，加入中性乙醚乙醇溶液50mL进行抽提，直至溶液呈均匀状态。向锥形瓶中加入酚酞指示剂2～3滴，在不断摇动下，用0.1mol/L氢氧化钾标准溶液滴定至初显粉红色持续半分钟不消退为终点，记录消耗0.1mol/L氢氧化钾标准溶液的量。

（4）结果处理

$$\text{酸价}=(V\times 5.61)/W$$

式中　V——滴定样品时消耗氢氧化钾标准溶液的量，mL；

W——样品的重量，g；

5.61——1mL 0.1mol/L氢氧化钾标准溶液所含氢氧化钾的量，mg。

新鲜油脂的酸价应在2.0以下；酸价在3.0左右时，为陈旧产品；酸价超过3.5时的油脂，一般不得食用。

但牛的油脂可以例外，有时虽酸价高达 4.88～6.73 时仍可食用，因为牛油脂往往含有乳酸而使酸价升高。所以，应在感官检查的基础上进行综合判定。

3. 过氧化物定性反应

（1）实验原理

当油脂中的不饱和脂肪酸与空气中的氧结合发生氧化反应而产生过氧化物时，能够在过氧化物酶（由新鲜血液供给）的参与下，释放出新生态氧，氧化作为指示剂的愈疮树脂而使溶液变为蓝色。过氧化物常常产生于油脂酸败的初期，此时的油脂可能不呈现任何感官特征，因此过氧化物定性反应在检查油脂早期酸败方面具有实际意义。

（2）实验试剂

5%愈创树脂酊：称取愈创树脂 5g，溶解于 100mL 75%酒精中，临用前配制。

5%新鲜血液水溶液：临用前采动物血液 5mL 加蒸馏水至 100mL。

（3）实验步骤

取 5mL 熔化的油脂于试管中，加入 2～3 滴 5%新鲜血液水溶液、6～8 滴 5%愈创树脂酊和 5mL 热蒸馏水，振摇混匀，1min 内观察混合液的颜色。

（4）结果处理

如油脂中有过氧化物存在变成蓝色，为阳性；如无过氧化物存在则为其他颜色（黄色、红色），为阴性。

良质油脂无过氧化物存在，呈阴性结果；次质油脂呈阳性反应，但缺乏酸败的感官特征，应立即销售利用，不得继续保存；变质油脂呈阳性，且有明显酸败的感官特征，不得食用。

4. 过氧化物值测定——间接碘量法

（1）实验原理

过氧化物值是指 100g 油脂中所含的过氧化物从氢碘酸中析出碘的克数。油脂酸败时生成的过氧化物能氧化氢碘酸，释放出游离的碘用硫代硫酸钠标准溶液进行滴定，根据其用量，便可求得油脂的过氧化物值。

（2）试剂

1∶1 氯仿冰醋酸混合液、1%淀粉溶液、碘化钾冷水饱和溶液、0.01mol/L 硫代硫酸钠标准溶液。

（3）实验步骤

称取 2～3g 已熔化的油脂检样置于 250mL 碘瓶中，加入 30mL 氯仿冰醋酸混合液，振摇溶解，再加入 1mL 碘化钾饱和溶液，立即盖紧瓶塞，仔细振摇混匀，在暗处放置 30min，并不时进行振摇。然后加入 200mL 水，摇匀，立即用 0.01mol/L 硫代硫酸钠标准溶液滴定至淡黄绿色。再加入 1mL 1%淀粉指示剂，继续用 0.01mol/L 硫代硫酸钠标准溶液滴定到蓝色消失为终点，记录用量。同时作空白对照。

（4）结果处理

$$X=(V_1-V_2)\times 0.001269\times N\times 100/W$$

式中　X——过氧化物值；

V_1——滴定油脂检样时所消耗的 0.01mol/L 硫代硫酸钠标准溶液的量，mL；

V_2——滴定空白试验所消耗 0.01mol/L 硫代硫酸钠标准溶液的量，mL；

0.001269——1mL 0.01mol/L 硫代硫酸钠溶液所相当碘的量，g；

N——硫代硫酸钠标准溶液（滴定用）的摩尔浓度，mol/L；

W——油脂检样的重量，g。

良质油脂过氧化物值小于 0.06；次质油脂为 0.06～0.1：变质油脂过氧化物值常高于 0.1。

实验 3-4 野生菌的卫生检验

1. 实验目的

掌握一种剧毒蘑菇的快速检测方法。

2. 实验原理

云南地形地貌复杂，热带、亚热带及山地温带植被类型兼有，而且雨热同季，因此孕育了丰富的野生菌资源，有“野生菌王国”的美誉。目前全球野生食用菌有 2500 余种，我国约 1000 种，云南近 900 种，约占世界食用菌物种的 36%，占全国的 90%。全国已知有毒野生菌 500 余种，云南有 200 余种，其中 20 余种有剧毒。

在食用野生菌中毒死亡的案件中，80%～90%是吃了含有“鹅膏环肽毒素”的野生菌导致的。鹅膏环肽毒素是毒蘑菇中最具威胁性的毒性成分，它的毒性极强，致死剂量极低。此外，这种毒素化学性质稳定，耐高温、酸碱和盐，常规的烹饪方法不能破坏其毒性。鹅膏环肽主要分为两大类，鹅膏毒肽和鬼笔毒肽，在天然产物中这些环肽的结构是独一无二的。鹅膏毒肽为真核生物 RNA 聚合酶Ⅱ的高效抑制剂，能够阻断 mRNA 和蛋白质的合成。鬼笔毒肽作用机制为不可逆地结合并绑定细胞骨架中的纤维状肌动蛋白丝，破坏其聚合与解聚的动态过程。鹅膏的剧毒来自鹅膏毒肽，是导致死亡的原因，因此检测该毒素就能鉴定这类剧毒蘑菇。除了鹅膏外，盔孢伞、环柄菇以及锥盖伞等属的一些蘑菇也含有鹅膏毒肽。目前，世界范围内对剧毒蘑菇的鉴定主要通过薄层层析（TLC）、高效液相色谱（HPLC）和麦氏颜色反应（Meixner test）进行。薄层层析检测困难耗时，需要标品且对操作者有较高的要求。高效液相色谱的检测过程烦琐，耗时长且依赖昂贵的设备，易用性最差。麦氏颜色反应操作容易，但需要使用 36%～38%的发烟浓盐酸，操作危险，无法在野外及无通风的环境中使用。

3. 实验条件

（1）木材的选择及处理

将优质桦木锯成 1cm^3 小块进行充分干燥，然后用药材粉碎机进行充分研磨形成细木粉，保证木粉颗粒的大小不超过 1mm，并置于 45℃烘箱充分干燥备用。

（2）蘑菇样品的准备

蘑菇在采集时尽可能保持其新鲜，野外采集优先选取未开伞的个体，这样对于运输或是就地检验都更加有利。蘑菇在运输中要透气单独包装，避免高温导致蘑菇迅速腐败，及时对蘑菇进行冷冻（－80℃最佳，在－20℃可进行短期的保存）。选择一个与待测物种最接近的无毒蘑菇作为阴性对照。

（3）盐酸溶液的制备

用蒸馏水配制10％浓度的盐酸，加入$MgCl_2$，终浓度为200mmol/L。

4. 实验步骤

（1）蘑菇样品的处理

选取－80℃保存的新鲜蘑菇，用小刀从菌盖处切下$20mm^3$的组织，约一粒黄豆大小，在1.5mL离心管中用离心管组织研磨棒研磨20s，充分碾碎成浆状。该步骤的目的是释放鹅膏毒肽。因为该毒素为胞内毒素，充分的研磨能够最大限度地释放毒素，有利于接下来的显色反应。然后，取适量木粉（约0.05g）置于一张白色纸张上（厚者为佳），用小药勺将碾碎的蘑菇转移至木粉上，戴上手套后用单手指轻柔地将二者混合，只要多数木粉处湿润状态就可以，最后用单手指将湿润的木粉压平成一个圆形。作为对照的无毒蘑菇处理方法与上述方法相同。

（2）显色反应

待样品自然干燥后（5～8min，大致干燥即可，不必完全干燥，可以节约时间），滴加20μL上述配制的10％浓度的盐酸，立刻置于55℃烘箱内干燥5min，中间不要打开烘箱，以免影响温度。将盐酸溶液滴在已经干燥的木粉上时，应该均匀分散地滴在4～5个不同位置上，然后用戴手套的手指轻轻将溶液抹匀，使显色均匀，干燥迅速。在野外没有烘箱的情况下，可以使用带电池的吹风机，温度设在中档，用手测试温度并将其控制在55℃左右，可以使显色时间缩短至5～10min。

5. 结果处理

桦木木质为浅黄色，背景低，显色后对比度好。同时，桦木的显色迅速，颜色也最明显，是剧毒蘑菇检测的最佳材料。本实验空白对照不使用任何蘑菇，仅在桦木粉上滴加10％的盐酸。空白对照在处理前后变化微小，桦木基本保持了原色，仅略微带上粉色；阴性对照无毒蘑菇组，菌肉为白色，处理后对背景颜色的影响很小，不会呈现蓝绿色。待测蘑菇若是剧毒蘑菇，该剧毒蘑菇在低浓度盐酸的作用下，显现出非常特征性的蓝绿色，该颜色可以与背景色明显区分开来，表明这些蘑菇含有鹅膏毒肽，是剧毒蘑菇。同时，颜色的深浅与鹅膏毒肽的含量直接相关，颜色越深则含量越高，毒性越剧烈。

蘑菇的种类繁多，不少蘑菇菌肉带有颜色，会成为检测中的背景色，但因为最终的蓝绿色特征性很强，很容易与蘑菇菌肉的颜色区分开，因此不会对检测过程造成干扰。

6. 注意事项

由于实验使用到盐酸，操作时必须佩戴适当的防护装备，如穿戴实验服、手套和护目镜等，以防化学物质对人体造成伤害。

观察反应后的颜色变化是判断剧毒蘑菇的重要依据。显色反应生成的蓝绿色物质是检测的关键点，需仔细比对色卡或对照样本进行正确解读。

实验 3-5　酒的卫生检验

1. 实验目的

掌握酒的感官检查、实验室检查方法及卫生评定标准。

2. 感官检查

取样品 100mL 于无色大试管中观察：蒸馏酒应为澄清的液体，透明无色，发酵酒应为澄清的液体，不混浊无沉淀。都应具有固有的醇香，无异臭及异味。

3. 理化检查

（1）乙醇浓度的测定

取酒样于 100mL 量筒中，将洗净擦干的酒精计缓缓沉入量筒中，静止后再轻轻按下少许，待其上升静止后，从水平位置读取其与液面相交处的刻度，为乙醇浓度。按测定的温度与浓度，换算成温度为 20℃时的乙醇体积分数。

（2）酒中甲醇的测定

① 实验原理。酒中甲醇在磷酸溶液中被高锰酸钾氧化生成甲醛，过量高锰酸钾被草酸还原，甲醛与亚硫酸品红反应生成醌型结构的化合物与标准比色定量。反应经过如下：

高锰酸钾在磷酸溶液中将甲醇氧化为甲醛。

$$5CH_3OH + 2KMnO_4 + 4H_3PO_4 \longrightarrow$$
$$2KH_2PO_4 + 2MnHPO_4 + 5HCHO + 8H_2O$$

过量的高锰酸钾被草酸还原除去有色物质。

$$2KMnO_4 + 5H_2C_2O_4 + 3H_2SO_4 \longrightarrow 2MnSO_4 + K_2SO_4 + 10CO_2\uparrow + 8H_2O$$

无色的品红亚硫酸与甲醛作用后，失去与碳结合的磺酸基分子而成醌型结构的化合物，呈现蓝紫色。

② 实验仪器。具塞比色管（15～20mL）、量筒（100mL）、酒精计、恒温水浴、吸管（1mL、5mL）、移液管（1mL、2mL、5mL）。

③ 实验试剂。高锰酸甲磷酸溶液、草酸硫酸溶液、亚硫酸品红溶液、甲醇标准溶液、无甲醇乙醇、10%亚硫酸钠溶液。

④ 测定步骤。

根据样品乙醇含量多少适当取样液比色管中，如乙醇含量为 30%取 1.0mL，40%取 0.8mL，50%取 0.6mL，60%取 0.5mL。

同时精密吸取甲醇标准液 0、0.2、0.4、0.6、0.8、1.0mL，相当甲醇 0、0.2、0.4、0.6、0.8、1.0mg 分别置于比色管中，各加无甲醇乙醇 0.3mL。

样品管、标准管各加蒸馏水至 5mL，再依次加高锰酸钾磷酸液 2mL，混匀放置 10min 各加草酸硫酸溶液 2mL 摇匀使褪色，待溶液冷却，再加亚硫酸品红溶液 5mL，摇匀，于 20℃以上室温中静置 30min，用目测比色。

⑤ 计算。

$$甲醇(g/100mL)=A/V\times1000\times100$$

式中　A——样品管中相当甲醇毫克数；

V——样品取量毫升数。

⑥ 讨论及注意事项。

甲醇测定灵敏度与乙醇浓度有关，乙醇浓度越高，甲醇显色灵敏度越低，在乙醇浓度为 6%时，甲醇显色灵敏度最高。

操作时样品管与标准管条件要一致。其酒精度亦须相同，否则影响比色。

本法不是甲醇氧化成甲醛所特有的反应，同样其他醇亦能氧化成相应的醛而呈颜色反应，但在有一定浓度硫酸的溶液中，其他醛类所产生的有色物质在一定时间内颜色可以褪去，而甲醛所显示的蓝紫色历久不褪。

品红结晶需研细后再称量，注意必须全部溶解并冷却后方可加入亚硫酸钠溶液，亚硫酸钠用量不可过多，否则将降低试验的灵敏度（亚硫酸含量高，显色浅或无色）故使用新配制的亚硫酸品红试剂，结果往往偏低，最好配制后放冰箱 24～48h 再用。

保温时间必须掌握，不可提早比色，以使其他醛类所生成的有色物质能有足够的时间褪色，不致掩盖甲醛的真正含量。

温度能影响显色结果，当草酸硫酸溶液加入后会产生大量热，溶液温度可达 40～50℃，最好加入草酸硫酸溶液时先置冷水中适当冷却。维持在 35℃左右，则显色较稳定，显色深浅及梯度也较好。同时比色时也要注意温度一致。

由于草酸硫酸溶液在测定甲醇时，用量过高过低均会影响测定结果，所以称取草酸时要求很准确，草酸试剂要求纯度高。

在配制草酸硫酸溶液时，应先加浓硫酸（比重 1.84）于同体积的水中，冷却后加入草酸。加热 30～40℃即可使草酸溶解，这样不但不使草酸分解，而且还原力仍很强。

(3) 酒中杂醇油的测定

① 实验原理。本法测定标准以异戊醇及异丁醇表示，异戊醇与异丁醇和

浓硫酸作用，脱水生成戊烯及丁烯，再与对二甲胺基苯甲醛作用，出现橙红色，与标准比色定量。

② 实验仪器。721 型分光光度计、带塞 10mL 比色管、移液管（1mL、2mL）、吸管（1mL）、恒温水浴、冰浴。

③ 试剂。0.5%对二甲氨基苯甲醛硫酸溶液、无杂醇油乙醇、异戊醇和异丁醇标准液。

④ 实验步骤

精密吸取样品 1mL，准确加水至 10mL，混匀。再准确取适量（约 0.5mL）于 10mL 比色管中。

另取杂醇油标准液 0.0、0.1、0.2、0.3、0.4、0.5mL 于 10mL 比色管中（相当于杂醇油 0.0、0.01、0.02、0.03、0.04、0.05mg）。

样品管与标准管各加 1∶1 H_2SO_4 至 1mL，混匀。

各管放冰浴中，沿管壁各加对二甲氨基苯甲醛硫酸溶液 2mL，使溶液流至管底，再将各管同时摇匀。

各管同时放入沸水浴中煮沸 30min，取出，立即放入冷水浴中冷却，并立即加入浓硫酸 2mL，摇匀。

10min 后用目测或用 520nm 波长比色，以标准零管调节 0 点。

⑤ 结果处理。

$$杂醇油含量 = A/(V_1 \times V_2)$$

式中 A——样品管中杂醇油体积，mL；

V_1——样液体积，mL；

V_2——样品稀释至 10mL 后体积，mL。

⑥ 注意事项。

对二甲氨基苯甲醛溶液对丙醇，正丁醇不显色。

如样品有色，则精密吸取样品 50mL 加蒸馏水 10mL，进行蒸馏，收集馏液 50mL，再按上法测定。

如在室温较高时操作，为防止少量标准溶液挥发，可先在试管内加入需要的水后，再放入标准液；同时加标准液时，最好将吸管插到比色管的底部，避免损失。

0.5%对二甲氨基苯甲醛硫酸溶液要求沿管内壁加入，否则温度升高太快会影响显色。

测定时加入的试剂、样品、水均需准确吸取。

实验 3-6 测定食物中还原型抗坏血酸

1. 实验目的

掌握食物中还原型抗坏血酸测定方法。

2. 实验原理

利用抗坏血酸强的还原性质，还原已知力价的染料 2,6-二氯酚靛酚，染料在碱性溶液中是蓝色，被还原后变为无色，滴定时，在酸性溶液中过量一滴即显红色，由此颜色变化指示反应终点，可求得食物中还原型抗坏血酸的含量。

染料力价即染料滴定度，指 1mL 染料相当于（所能氧化）还原型维生素 C 的毫克数。

3. 实验条件

（1）试剂

1%草酸溶液、2%草酸溶液、2,6-二氯酚靛酚溶液（称取碳酸氢钠 210mg，溶解在 250mL 沸水中，然后再精确称取 2,6-二氯酚靛酚 250mg，溶解在碳酸氢钠沸水中，待冷，放冰箱过夜。次日过滤于 1000mL 棕色容量瓶中，用水稀释至刻度即为 0.025%溶液，用标准抗环血酸标定）。

染料浓度(力价)=(抗坏血酸浓度×抗坏血酸毫升数)/消耗染料毫升数

抗坏血酸溶液的配制及标定：精确称取纯的抗坏血酸粉末 20mg，用 1%草酸溶解并稀释到 100mL。由于抗坏血酸极不稳定，故用前要用标准碘酸钾溶液进行标定。

标定时取 5mL 抗坏血酸溶液，加 5mL 1%草酸，加 6%碘化钾 0.5mL，1%淀粉液 3 滴，再以标准碘酸钾溶液滴定，终点为淡蓝色，持续 30s。

抗坏血酸浓度(mg/mL)=(0.001NKIO_3 毫升数×0.088 毫克)/抗坏血酸毫升数

0.1mol/L 碘酸钾溶液：精确称取干燥碘酸钾 0.3567g 用水溶解，并精确地稀释到 100mL。

0.001mol/L 碘酸钾溶液：取上述溶液 1mL 稀释至 100mL。此溶液 1mL 相当于抗坏血酸 0.088 mg。

1%淀粉液：取 0.5g 淀粉于研钵中，用力研磨，并逐次加入冷水 10mL 使溶解，再缓慢地倒入 40mL 沸水中，以玻棒调匀，冷藏。

6%碘化钾溶液：称取 0.6g 碘化钾溶解在 10mL 水中即可。

（2）实验仪器

粗天秤、组织捣碎机、刻度吸管、切板、菜刀、蒸发皿、容量瓶、量筒、烧杯、三角烧瓶、容量吸管、漏斗、玻棒、药匙、微量滴定管及支架。

4. 实验步骤

① 将新鲜蔬菜洗净风干，切碎后称取100g加入2%草酸100mL，另称取碎菜100g放入500mL沸水中，待3min后取出，加入2%草酸100mL。

② 分别于捣碎机中打成匀浆待用。生、熟菜分别按以下步骤测定其还原型抗坏血酸含量。

③ 称取20g匀浆于100mL烧杯中，缓慢转移至100mL容量瓶中，以1%草酸洗净烧杯，合并入容量瓶中。定容至刻度，充分摇匀，完成抗坏血酸的提取。

④ 倒1/2溶液于三角烧瓶中，加入适量白陶土，振摇数次后静止，分层后，将上清液过滤，以达到脱色目的。

⑤ 取滤液5mL，用已知力价的2,6-二氯酚靛酚滴至微红色，至15s内不褪色为止。重复3次取均数。

⑥ 作空白滴定。

5. 结果处理

抗坏血酸含量(mg/100g)＝(染料力价×染料消耗量)/滴定时样品毫升数×100×200/20

烹调后蔬菜抗坏血酸损失率(%)＝(生菜中抗坏血酸含量－熟菜中抗坏血酸含量)/生菜中抗坏血酸含量×100%

6. 注意事项

① 操作要迅速、避光、防热。

② 稀释时，如容量瓶中出现泡沫，影响定容，可用数滴戊醇将其除去。

③ 草酸必须避光保存，以免产生过氧化物。

④ 白陶土应选用脱色力强，且不破坏抗坏血酸的产品，每批应事先作鉴定。

⑤ 染料每周至少标定一次。

实验 3-7　胡萝卜素的测定

1. 实验目的

掌握胡萝卜素测定的方法。

2. 实验原理

胡萝卜素与其他植物色素（如叶绿素、叶黄素等）共存于许多植物性食物中，欲测其含量，必先将之与其他色素分离。采用层析柱，吸附剂对不同的色素吸附力不同，而溶媒对不同色素的溶解力亦不同，当用溶媒冲洗时，即产生不断的溶解、吸附、再溶解、再吸附现象，以致形成相应的色谱柱。洗脱所需的胡萝卜素色层，用比色法即可测出含量。

3. 实验条件

（1）试剂

丙酮-石油醚洗脱液（体积比为 3∶97）。

无水 Na_2SO_4：不应有吸附胡萝卜素的能力，故应做回收试验，回收率太低不应使用。

MgO：用前经 100～120 孔/口过筛，在 100～150℃烘烤 3h 活化。

标准胡萝卜素：称取纯胡萝卜素 40mg 溶于 20mL 石油醚内（可见有沉淀出现），然后不断加入氯仿充分混匀使沉淀全部溶解，再用氯仿稀释至 100mL。取此液 5mL 用石油醚稀释至 50mL，其浓度为 40μg/mL。再吸取上液 5mL 用石油醚稀释至 100mL，浓度为 2μg/mL。

重铬酸钾溶液：在无纯胡萝卜素时可以 $K_2Cr_2O_7$ 配成适当的浓度进行比色。称取纯 $K_2Cr_2O_7$ 结晶 360mg，用蒸馏水稀释至 1000mL，此液相当于 2.0μg/mL 胡萝卜素。再稀释 10 倍，相当于 0.2μg/mL 胡萝卜素。

（2）实验仪器

研钵、天平、亚林管装置、砧板、刀、分光光度计、烧杯（100mL）、量筒（100mL）、长嘴漏斗。

4. 实验步骤

用 15mL 称量烧瓶准确称取样品（番茄酱）2g，将 10g 无水 Na_2SO_4 分数次加入，每次均搅拌，全部转入研钵内，研磨使成细干砂状。

将亚林管安置于滴定架上，经长嘴漏斗加入已活化好的 MgO，高度 3cm。然后用吸球轻敲亚林管，使 MgO 下降 0.5cm。再加入研磨好的样品混合物，边装边敲，使管内无空隙。最后用带脚长玻璃棒轻压上端使下移 1.5cm。

沿管壁倒入 50mL 丙酮-石油醚洗脱液，约 2min 后打开活塞，调节流速约 30 滴/min，先流出的无色液体收集于一烧杯，将开始呈现黄色的液体收集于另一烧杯中，直到下来的液体无黄色为止，此即为样品提取液。

样品提取液采用以下方法进行比色定量：

① 分光光度计法：量取样品提取液体积。选波长为 440nm，以丙酮-石油醚洗脱液为空白，分别测取标准溶液（标准胡萝卜素或 $K_2Cr_2O_7$ 溶液）及样品提取液的光密度读数，代入下式：

$$胡萝卜素=D_2/D_1\times K\times V/W\times 100$$

式中　D_2——样品提取液读数；

D_1——标准溶液读数；

K——每毫升标准液所相当的胡萝卜素量，mg；

V——样品提取液体积，mL；

W——样品重量，g。

② 目测法：将样品提取液倒入同一规格的 10mL 刻度比色管中，用丙酮-石油醚稀释至刻度，立即与标准色列比色（表 3-2），记下所相当的标准色列管的胡萝卜素含量（μg/mL），代入下式：

$$胡萝卜素=相当标准管含量\times 10/样品重量$$

表 3-2　标准色列的配制

试剂	管号						
	1	2	3	4	5	6	7
标准液/mL	2.2	2.6	3.0	3.4	3.8	4.2	2.6
洗脱液	均加到 10mL						
胡萝卜素含量/(μg/mL)	0.44	0.52	0.60	0.68	0.76	0.84	0.92

5. 注意事项

研磨要快，但勿研得过细，以免样品混合物发黏不利于装柱。

装柱时应使 MgO 与样品混合物之界面齐平。

实验中避免阳光直照及过热，摒除火源及其他易燃物品。

实验 3-8　个人日常膳食食谱设计

1. 实验目的

正确运用已学的普通人群食谱设计原则、我国现行《中国居民膳食指南及平衡膳食宝塔》、《中国居民膳食营养素参考摄入量》和《食物成分表》，掌握膳食编制的基本原则和方法。

要求针对特殊人群营养需要（如幼儿、学龄儿童、大中学生、成年男子、成年女子、老年人群等），当地常规食物供应规律和饮食习惯，进行个性化食谱设计，并以组为单位，为某一特定人群编制一周的膳食食谱。

2. 食谱设计的理论依据与食谱编制原则

（1）中国居民膳食营养素参考摄入量（DRIs）

中国居民膳食营养素参考摄入量（DRIs）是每日平均膳食营养素摄入量的一组参考值，包括平均需要量（EAR）、推荐摄入量（RNI）、适宜摄入量（AI）和可耐受最高摄入量（UL）。制定 DRIs 的目的在于更好地指导人们膳食实践，评价人群的营养状况并为国家食物发展供应计划提供依据。DRIs 是营养配餐中能量和主要营养素需要量的确定依据。DRIs 中的 RNI 是个体适宜营养素摄入水平的参考值，是健康个体膳食摄入营养素的目标。编制营养食谱时，首先需要以各营养素的推荐摄入量（RNI）为依据确定需要量，一般以能量需要量为基础。

（2）中国居民膳食指南和平衡膳食宝塔

膳食指南本身就是合理膳食的基本规范，为了便于宣传普及，它将营养理论转化为一个通俗易懂、简明扼要可操作性指南，其目的就是合理营养、平衡膳食、促进健康。因此，膳食指南的原则就是食谱设计的原则，营养食谱的制定需要根据膳食指南考虑食物种类、数量的合理搭配。

平衡膳食宝塔则是膳食指南量化和形象化的表达，是人们在日常生活中贯彻膳食指南的工具。宝塔建议的各类食物的数量既以人群的膳食实践为基础，又兼顾食物生产和供给的发展，具有实际指导意义。同时平衡膳食宝塔还提出了实际应用时的具体建议，如同类食物互换的方法，对制定营养食谱具有实际指导作用。根据平衡膳食宝塔，我们可以很方便地制订出营养合理、搭配适宜的食谱。

（3）食物成分表

食物成分表是营养配餐工作必不可少的工具。要开展好营养配餐工作，必须了解和掌握食物的营养成分。中国疾病预防控制中心营养与食品安全所发布《食物成分表》，所列食物仍以原料为主，各项食物都列出了产地和食部，有食物 3300 余条，数据 57000 余个。“食部”是指按照当地的烹调和饮食习惯，把从市场上购买的样品去掉不可食的部分之后，所剩余的可食部分所占的比例。列出食部的比例是为了便于计算市品每千克（或其他零售单位）的营养素含量。食部不是固定不变的，它会因食物的运输、储藏和加工处理不同而有改变。因此当认为食部的实际情况和表中食部栏内所列数字有较大出入时，可以自己实际测量食部的量。通过食物成分表，我们在编制食谱时才能将营养素的需要量转换为食物的需要量，从而确定食物的品种和数量。在评价食谱所含营养素摄入量是否满足需要时，同样需要参考食物成分表中各种食物的营养成分数据。

（4）营养平衡理论

① 膳食中三种宏量营养素需要保持一定的比例平衡。膳食中蛋白质、脂肪和碳水化合物除了各具特殊的生理功能外，其共同特点是提供人体所必需的能量。所以在讨论能量时也把它们称为“产能营养素”。在膳食中，这三种产能营养素必须保持一定的比例，才能保证膳食平衡。若按其各自提供的能量占总能量的百分比计，则蛋白质占 10%～15%，脂肪占 20%～30%，碳水化合物占 55%～65%。

② 膳食中优质蛋白质与一般蛋白质保持一定的比例。食物蛋白质中所含的氨基酸有 20 多种，其中有 9 种是人体不能在体内合成或合成速度不能满足机体需要，必须由食物供给的必需氨基酸，人体对这 9 种必需氨基酸的需要量需要保持一定的比例。动物性蛋白质和大豆蛋白质所含的必需氨基酸种类齐全、比例恰当，人体利用率高，称为优质蛋白质。常见单一食物蛋白质的氨基酸组成，几乎不可能完全符合人体需要的比例，多种食物混合食用，才容易使膳食氨基酸组成符合人体需要的模式。因此，在膳食构成中要注意将动物性蛋白质、一般植物性蛋白质和大豆蛋白质进行适当的搭配，并保证优质蛋白质占蛋白质总供给量的 1/3 以上。

③ 饱和脂肪酸、单不饱和脂肪酸和多不饱和脂肪酸之间的平衡。不同食物来源的脂肪，脂肪酸组成不同，有饱和脂肪酸、单不饱和脂肪酸及多不饱和脂肪酸。饱和脂肪酸可使血胆固醇升高；不饱和脂肪酸，特别是必需脂肪酸以及鱼贝类中的二十碳五烯酸（EPA）和二十二碳六烯酸（DHA）则具有多种有益的生理功能。因此必须保证食物中多不饱和脂肪酸的比例。一般认为，在脂肪提供的能量占总能量的 30%范围内，饱和脂肪酸提供的能量占总能量的 7%左右，单不饱和脂肪酸提供的能量占总能量的比例在 10%以内，剩余的能

量均由多不饱和脂肪酸提供为宜。动物脂肪相对含饱和脂肪酸和单不饱和脂肪酸多，多不饱和脂肪酸含量较少。植物油主要含不饱和脂肪酸。两种必需脂肪酸亚油酸和亚麻酸主要存在于植物油中，鱼贝类食物含二十碳五烯酸和二十二碳六烯酸相对较多。为了保证每日膳食能摄入足够的不饱和脂肪酸，必须保证油脂中植物油的摄入。

根据某一特定人群的生理特点与营养需要选择适宜的食物种类，组成平衡膳食，符合平衡膳食原则。设计时，应考虑到各种营养素之间的比例与数量；应考虑饮食者的习惯和口味；做到品种多样化，每周更换一次食谱，食物丰富多样，定量适宜。

3. 科学配餐的要求

符合平衡膳食原则；讲究美食与传统饮食习惯相结合的原则；注意食物丰富多样原则；营养素与热量定量适宜原则。

4. 营养食谱的设计步骤

① 食谱设计前的理论培训及分组。

② 以小组为单位分头到有关单位伙食科或家庭调查某人每周膳食结构和膳食营养素搭配。

③ 调查当地当前市场提供的食物品种。

④ 列出已选择的食物，并查对食物成分表，确定每种食物的各种营养成分。

⑤ 初步设计某人一周（7 天）三餐的膳食组成及作用的原料。

⑥ 根据所用原料占每餐的用量（百分比），计算出每种食物可提供的营养量。

⑦ 参照我国 DRIs，对三餐食物进行合理调整和搭配，设计出较为理想的一周食谱。

⑧ 制作一周食谱一览表，填写相应数据，并进行各种营养素的核算。

⑨ 设计每周膳食蛋白质、脂肪、碳水化合物各占能量的分配比例。

⑩ 计算三餐能量的分配比例。

⑪ 计算动植物食物蛋白质供应比例。

5. 实验结果与分析

① 参照表 3-3～表 3-8，提交某人一日的膳食食谱，并加以营养学解释。

② 核定与矫正营养素供给（营养分析）。

③ 核定和矫正饭菜用量。

④ 最终确定交某人一周的膳食食谱表格。

6. 注意事项

① 算出上述项目的平均数和标准差。

② 写出文字评价，注明用餐单位、年龄段人群、测定项目的数据等。

③ 写出试验报告并加以分析。

表 3-3 每人每日膳食食谱计算表（一）

餐次	品名	食物名称	食部/%	重量/g	蛋白质/g	脂肪/g	碳水化合物/g	热能/kcal
早餐								
小计								
中餐								
小计								
晚餐								
小计								
调料								
小计								
合计								

注：1kcal=4.186kJ。

表 3-4 每人每日膳食食谱计算表（二）

餐次	钙/mg	磷/mg	铁/mg	维生素 A /IU	维生素 D /IU	维生素 B_1 /mg	维生素 B_2 /mg	维生素 PP /mg	维生素 C /mg
早餐									
小计									
中餐									
小计									
晚餐									
小计									
调料									

续表

餐次	钙/mg	磷/mg	铁/mg	维生素 A /IU	维生素 D /IU	维生素 B_1 /mg	维生素 B_2 /mg	维生素 PP /mg	维生素 C /mg
小计									
合计									

记录人________计算人__________　　　　______年____月____日

表 3-5　每人每日膳食食谱计算表（三）

各种营养素	蛋白质/g	脂肪/g	糖类/g	热量/kcal	钙/mg	铁/mg	微克维生素 A 当量	维生素 B_1 /mg	维生素 B_2 /mg	烟酸/mg	维生素 C /mg
每日供给量（DRIs）											
实际每日摄入量											
摄入量、供给量×100%											

注：1kcal＝4.186kJ。

表 3-6　每人每日食物源的营养素分配比例表

营养素来源	能量	蛋白质	铁
动物食物/%			
豆类/%			
植物/%			

表 3-7　每人每日三餐能量分配比例表

营养素来源	能量比例/%		
	早餐	中餐	晚餐
豆类			
植物			

表 3-8　每人每日三大营养素能量分配比例表

类别	能量/kcal	能量比例/%
蛋白质		
脂肪		
碳水化合物		

注：1kcal＝4.186kJ。

记录人________计算人__________　　　　______年____月____日

实验 3-9　营养缺乏病

1. 实验目的

熟悉几种常见营养素缺乏的体征。

2. 营养缺乏病的发生机理

营养缺乏病的发生是一个发展的过程，最先是摄入量不足或者机体处于某种应激状态使需要量明显增加，因而造成了机体营养水平的下降。如果营养素的供应继续得不到满足就会进一步引起组织缺乏，使一些生化代谢发生紊乱，生理功能受到影响，最后导致病理形态上的异常改变和损伤。此时即可表现出缺乏体征。

3. 营养缺乏病体征

(1) 蛋白质-热能营养不良

① 消瘦型。消瘦，皮下脂肪减少或完全消失，皮肤干燥；肌肉萎缩无力，缺少弹性。生长迟缓或停顿，身高、体重及有关的身体测量值及营养指数均较同年龄正常儿童低，称之为“营养性侏儒”。患儿的头发稀疏易断，且无光泽，呈“枯草样发”。面瘦、颊皱、苍白、有时唇干并有裂纹。精神淡漠，反应迟钝。有“老人面”、“翼状肩胛”特征。

② 恶性营养不良。患儿外观虚胖，满月脸，但表情痛苦，四肢肌肉瘦弱，松弛无力，但皮下脂肪尚有，有“蛙状腹”。

(2) 缺铁性贫血

面色苍白，虚胖，匙状甲，异食癖。

(3) 碘缺乏

① 地方性甲状腺肿。典型的临床体征是甲状腺肿大。

② 地方性克丁病。体格矮小，步态不稳，鸭步，甚至瘫痪。性器官发育不良，无性征。智力低下及聋哑，甲状腺肿大。

(4) 维生素类缺乏

① 维生素 A。结膜干燥，角膜干燥，暗适应时间延长，毕托氏斑，结膜软化。皮肤干燥，毛囊角化。

② 维生素 D。婴幼儿有佝偻病，串珠肋，前囟闭，方颅，膝内翻或“O”形腿，胸部变形（郝氏沟、鸡胸）。成人有骨质软化。

③ 硫胺素。外周神经炎，皮肤感觉异常或迟钝（蚁走感），瘫痪，浮肿（由下肢向上），心脏扩大等。

④ 核黄素。口角炎，唇炎，口腔黏膜溃疡，舌乳头萎缩，角膜血管增生，脂溢性皮炎，阴囊皮炎及会阴部皮炎。

⑤ 烟酸。四肢对称性色素沉着及癞皮病样皮炎。

⑥ 抗坏血酸。齿龈松、肿、出血，皮下出血，毛囊周围有出血，骨膜下出血，假性瘫痪。

实验 3-10　食物中毒案例讨论

1. 案例

2022 年 8 月 4 日下午，×厂来电话报告有食物中毒发生。相关人员立即组织抢救处理组到现场。

厂方领导介绍该厂职工 4023 人，分设六个食堂。3 日上午 10 点左右开始出现急性肠胃炎病人，延至 4 日下午 6 点左右病人最多，呈爆发型，发展迅速。症状以腹泻、发热为主，呕吐者较少。发病者多数都在第二食堂就餐。

保健科医师介绍：可疑食物是凉面；在第二食堂就餐吃凉面的 700 余人，349 人发病，占就餐者 49.8%。潜伏期在 12～24h，最短 2h，最长 48h。患者中发烧占 60.4%，腹泻 78.8%，腹痛 64.5%，呕吐 21.2%。重病人有 51 个，均系老人与小孩，已收入院。

调查病人：病人都自述吃了二食堂早餐凉面后发病。3 日与 4 日其他各餐次饭菜花色品种多，各人吃的不同，有些病人除了 3 日早餐外，在家就餐。有位工人将凉面买回家，一家四口食后均先后发病，二人住院；另一位工人将凉面带到托儿所，除给自己孩子吃外，分给另两个孩子吃，3 个孩子都发病。

调查食堂，询问炊事员：第二食堂有 11 个车间的工人就餐，3 日早餐吃的是凉面，有 700 余人进食。面条是第一食堂凌晨 1 点左右加工，分给一、二、三共三个食堂。第二食堂取回面条后，在开水锅里煮熟，捞出后放在白案板上用鼓风机扇凉。炊事员说，曾有一碗臭鱼放在案板上，有人不慎将鱼汤洒在案板；案板上有一片被敌百虫毒死的家蝇。放熟面条前，抹了一碗死苍蝇，案板未作彻底清洗。3 日早晨 6 点半左右，将凉面转到箩筐中，放在柜台上，用手抓装碗出售；8 点结束供应。

采样：因无剩面条；现场已由保健科组织炊事员清洗，因此只捕捉了厨房中的两组苍蝇；采了 8 份患者大便。又获知 2 日下午，厨房曾急宰两头猪，故采了所剩的猪肾和淋巴结。

2. 化验结果

（1）细菌学检查

两头急宰猪：纽彼得沙门氏菌。

两组苍蝇：分离鉴定有纽彼得沙门氏菌和德尔卑斯沙门氏菌。

8 份大便：6 份均分离出纽彼得沙门氏菌。

（2）菌株毒性试验

将大便中菌株作增菌培养；20h后，取培养液0.1mL注射于10只小鼠腹腔，20h后，全部死亡。其心、肝、脾均分离现纽彼得沙门氏菌。

（3）免疫学鉴定

患者3人，分别于第4d和第15d抽血两次，用患者血清与其大便中纽彼得沙门氏菌鞭毛抗原作凝集反应，第二次血清效价比第一次高2～4倍。

3. 结果讨论

本案例是否是食物中毒？是哪一类型的食物中毒？判断依据是什么？

接到报告后，到现场应立即开展哪些工作？如何实施调查？

怎样确定发病和食物的关系？怎样确定致病原因，污染的来源及途径是什么？

对这次食物中毒已经做了哪些工作？还需做哪些工作？

通过这次中毒事件，应该提出哪些预防措施？

4. 食物中毒调查报告

根据化验结果，撰写食物中毒调查报告。

第4章
食品分析与检验

实验 4-1 液态食品相对密度及折射率的测定

1. 实验目的

加深对全反射原理的理解，掌握应用方法。

了解阿贝折射仪的结构和测量原理，熟悉其使用方法。

通过对葡萄糖溶液折射率的测定确定其浓度。

2. 实验原理

阿贝折射仪是根据全反射原理设计的。阿贝折射仪中的阿贝棱镜组由两个直角棱镜（折射率为 n）组成，一个是进光棱镜，它的弦面是磨砂的，其作用是形成均匀的扩展面光源。另一个是折射棱镜。待测液体（$n_x < n$）夹在两棱镜的弦面之间，形成薄膜。如图 4-1 所示。

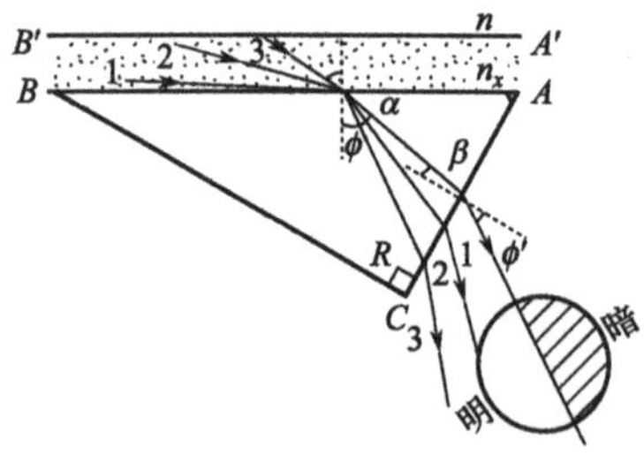

图 4-1 阿贝折射仪工作原理

光先射入进光棱镜，由其磨砂弦面 $A'B'$ 产生漫射光穿过液层进入折射棱镜（图 4-1 中 ABC）。因此到达液体和折射棱镜的接触面（AB 面）上任意一点 E 的诸光线（如 1、2、3 等）具有各种不同的入射角，最大的入射角是 90°。对不同方向入射光中的某条光线，设它以入射角 i 射向 AB 面，经棱镜

两次折射后，从 AC 面以 ϕ' 角出射，若 $n_x<n$，则由折射定律得

$$n_x \sin i = n \sin\alpha \tag{4-1}$$

$$n \sin\beta = \sin\phi' \tag{4-2}$$

其中 α 为 AB 面上的折射角，β 为 AC 面上的入射角。由图 4-1 得棱镜顶角 A 与 α 角及 β 角的关系为 $A=\alpha+\beta$，则 $\alpha=A-\beta$ 代入式（4-1）得

$$n_x \sin i = n\sin(A-\beta) = n(\sin A\cos\beta - \cos A\sin\beta) \tag{4-3}$$

由式（4-2）得 $n^2\sin^2\beta=\sin^2\phi'$，即 $n^2(1-\cos^2\beta)=\sin^2\phi'$，得

$$n^2 - n^2\cos^2\beta = \sin^2\phi'$$

则 $\cos\beta=\sqrt{(n^2-\sin^2\varphi')/n^2}$，代入式（4-3）得

$$n_x \sin i = \sin A\sqrt{n^2-\sin^2\phi'} - \cos A\sin\phi' \tag{4-4}$$

从图 4-1 可以看出，对于光线 1，有 $i\rightarrow 90°$，$\sin i\rightarrow 1$，$\sin\phi'\rightarrow\sin\phi$，则式（4-4）变为

$$n_x = \sin A\sqrt{n^2-\sin^2\phi} - \cos A\sin\phi$$

因此，若折射棱镜的折射率 n、折射顶角 A 已知，只要测出出射角 ϕ 即可求出待测液体的折射率 n_x。

阿贝折射仪是如何测量与光线 1 相对应的出射角 ϕ 呢？由图 4-1 可知，除光线 1 外，其他光线 2、3 等在 AB 面上的入射角皆小于 90°。因此当扩展光源的光线从各个方向射向 AB 面时，凡入射角小于 90°的光线，经棱镜折射后的出射角必大于 ϕ 角而偏折于光线 1′的左侧形成亮视场。而光线 1′的另一侧因无光线而形成暗场。显然，明暗视场的分界线就是入射光线 1 的出射方向（1′）。

阿贝折射镜标出了与 ϕ 角对应的折射率值，测量时只要使明暗分界线与望远镜叉丝交点对准，就可从视场中折射率刻度读出 n_x 值。

3. 实验条件

阿贝折射仪、蒸馏水、待测液（自来水、酒精、葡萄糖溶液）、乙醚、滴管、脱脂棉及擦镜纸。

4. 实验步骤

（1）测定液体的折射率

用脱脂棉蘸无水乙醇乙醚混合液（体积比=1∶1）将进光棱镜和折射棱镜

擦拭干净，干燥后使用。避免因残留有其他物质，而影响测量结果。

用滴管将少许待测液滴在折射棱镜的表面上，并将进光棱镜盖上，锁紧手，待测液在中间形成一层均匀无气泡的液膜。

转动棱镜调节旋钮，使视野出现明暗两部分。转动消色散旋钮，使视野中只有黑白两色而无其他颜色。再次调节棱镜调节旋钮，使明暗分界线正对十字线中心。此时，目镜视场中折射率刻度示值即为被测液体的折射率。

分别测定自来水、酒精和糖溶液的折射率各 5 次。

（2）测糖溶液的含糖浓度

按照（1）中的步骤完成后，读数镜视场中读数刻线所对准的左边的刻度值，即为所测糖溶液的百分比含糖浓度。

5. 结果处理

（1）测定某液体的折射率（表 4-1）

表 4-1　测定结果记录表

次数	自来水折射率	无水乙醇折射率	葡萄糖溶液折射率
1			
2			
3			
4			
5			

（2）测定不同葡萄糖溶液折射率及白利度（表 4-2）

表 4-2　测定结果记录表

测量样品	折射率 n	白利度/%
1		
2		
3		
4		
5		

6. 注意事项

使用仪器前应先检查进光棱镜的磨砂面、折射棱镜及标准玻璃块的光学面是否干净，如有污迹用酒精或乙醚棉擦拭干净。

在加入的折射率液或待测液中，应防止留有气泡，以免影响测量结果。

实验过程中要注意爱护光学器件，不允许用手触摸光学器件的光学面，避免剧烈振动和碰撞。

仪器使用完毕后，要将棱镜表面及标准块擦拭干净，放入盒内。

7. 思考题

阿贝折射仪所测得的折射率是对哪条谱线的折射率？

进光棱镜的工作面为什么要磨砂？

阿贝折射仪测定折射率的原理是什么？

实验 4-2　面粉中水分含量的测定

1. 实验目的

熟练掌握烘箱的使用、天平称量、恒重等基本操作。

学习和领会常压干燥法测定水分的原理及操作要点。

掌握常压干燥法测定面粉中水分的方法和操作技能。

2. 实验原理

本实验是基于食品中的水分受热以后，产生的蒸汽压高于在电热干燥箱中的空气分压，从而使食品中的水分被蒸发出来。同时由于不断地供给热能及不断地排走水蒸气，而达到完全干燥的目的。食品干燥的速度取决于这个压差的大小。

食品中的水分一般是指在 101～105℃直接干燥的情况下所失去物质的总量。此法适用于在 101～105℃下，不含或含其他挥发性物质甚微的食品。

3. 实验条件

(1) 实验材料

普通面粉。

(2) 实验仪器

称量瓶（直径 50mm，扁形）、干燥器、恒温干燥箱、电子天平（最小分度值 1mg）、手套或牛皮纸带。

4. 实验步骤

取洁净铝制或玻璃制的扁形称量瓶，置于 101～105℃干燥箱中，瓶盖斜支于瓶边，加热 1.0h，取出，盖好，置干燥器内冷却 0.5h，称重，并重复干燥至恒重。称 3～5g（准确至 0.001g）面粉样品，放入此称量瓶中，样品厚度应均匀，约 5mm。加盖，精密称量后，置于 101～105 ℃干燥箱中，瓶盖斜支于瓶边，干燥 2～4h 后，盖好取出，放入干燥器内冷却 0.5h 后称量。然后放入 101～105℃干燥箱中干燥 1h 左右，取出，放干燥器内冷却 0.5h 后再称量。至前后 2 次质量差不超过 2mg，即为恒重。

5. 结果处理

将实验结果填入表 4-3。根据实验结果计算水分含量。

表 4-3　实验结果记录表

称量瓶/g	称量瓶加面粉/g	干燥后的称量瓶加面粉/g

6. 注意事项

“恒重”是指两次烘烤称量的质量差不超过规定的毫克数，本实验不超过 2mg。

本法测得的水分包括微量的芳香油、醇、有机酸等挥发性物质。

测定结果以质量分数计，数据保留至小数点后一位数。

实验 4-3 糕点中总糖含量的测定

1. 实验目的

掌握蒽酮法测定可溶性糖含量的原理和方法。

学习植物可溶性糖的一种提取方法。

2. 实验原理

糖类在较高温度下可被浓硫酸作用而脱水生成糠醛或羟甲基糖醛后，与蒽酮（$C_{14}H_{10}O$）脱水缩合，形成糠醛的衍生物，呈蓝绿色。该物质在 620nm 处有最大吸收，在 150μg/mL 范围内，其颜色的深浅与可溶性糖含量成正比。

这一方法有很高的灵敏度，糖含量在 30μg 左右就能进行测定，所以可作为微量测糖之用。一般样品少的情况下，采用这一方法比较合适。

3. 实验条件

（1）实验仪器

电热恒温水浴锅、分光光度计、电子天平、容量瓶、刻度吸管等。

（2）试剂

葡萄糖标准液（100μg/mL）、浓硫酸。

蒽酮试剂：0.2g 蒽酮溶于 100mL 浓 H_2SO_4 中，当日配制使用。

（3）实验材料

桃酥。

4. 实验步骤

（1）葡萄糖标准曲线的制作

取 6 支大试管，按表 4-4 数据配制一系列不同浓度的葡萄糖溶液。

表 4-4 标准溶液的配制

配方	管号					
	1	2	3	4	5	6
葡萄糖标准液/mL	0	0.2	0.4	0.6	0.8	1
蒸馏水/mL	1	0.8	0.6	0.4	0.2	0
葡萄糖含量/μg	0	20	40	60	80	100

在每支试管中立即加入蒽酮试剂 4.0mL，迅速浸于冰水浴中冷却，各管加完后一起浸于沸水浴中，管口加盖，以防蒸发。自水浴重新煮沸起，准确煮

沸10min取出，用冰浴冷却至室温，在620nm波长下以第1管为空白，迅速测其余各管吸光值。以标准葡萄糖含量（μg）为横坐标，以吸光值为纵坐标，作出标准曲线。

（2）植物样品中可溶性糖的提取

将样品剪碎至2mm以下，105℃烘干至恒重，精确称取1～5g，置于50mL三角瓶中，加沸水25mL，加盖，超声提取10min，冷却后过滤（抽滤）。残渣用沸蒸馏水反复洗涤并过滤（抽滤）。滤液收集在50mL容量瓶中，定容至刻度，得提取液。

（3）稀释

吸取提取液2mL，置于另一50mL容量瓶中，以蒸馏水稀释定容，摇匀。

（4）测定

吸取1mL已稀释的提取液于试管中，加入4.0mL蒽酮试剂，三份平行；空白管以等量蒸馏水取代提取液。以下操作同标准曲线制作。根据A_{620}平均值在标准曲线上查出葡萄糖的含量（μg）。

5. 结果处理

$$样品含糖量=(C\times V_{总}\times D)/(W\times V_{测}\times 10^{6})$$

式中 C——在标准曲线上查出的糖含量，μg；

$V_{总}$——提取液总体积，mL；

$V_{测}$——测定时取用体积，mL；

D——稀释倍数；

W——样品重量，g；

10^{6}——样品重量单位由g换算成μg的倍数。

6. 注意事项

该法的特点是几乎可测定所有的碳水化合物，不但可测定戊糖与己糖，且可测所有寡糖类和多糖类，包括淀粉、纤维素等（因为反应液中的浓硫酸可把多糖水解成单糖而发生反应），所以用蒽酮法测出的碳水化合物含量，实际上是溶液中全部可溶性碳水化合物总量。在没有必要细致划分各种碳水化合物的情况下，用蒽酮法可以一次测出总量，省去许多麻烦，有特殊的应用价值。但在测定水溶性碳水化合物时，则应注意切勿将样品的未溶解残渣加入反应液中，否则会因为细胞壁中的纤维素、半纤维素等与蒽酮试剂发生反应而增加了测定误差。此外，不同的糖类与蒽酮试剂的显色深度不同，果糖显色最深，葡萄糖次之，半乳糖、甘露糖较浅，五碳糖显色更浅，故测定糖的混合物时，常因不同糖类的比例不同造成误差，但测定单一糖类时则可避免此种误差。

7. 思考题

用水提取的糖类有哪些？

制作标准曲线时应注意哪些问题？

实验 4-4 花生脂肪含量的测定

1. 实验目的

学习并掌握氯仿-甲醇法测定脂肪含量的方法。

学会根据食品中脂肪存在状态及食品组成，正确选择脂肪的测定方法。

掌握用有机溶剂萃取脂肪及溶剂回收的基本操作技能。

2. 实验原理

将试样分散于氯仿-甲醇混合液中，氯仿-甲醇及样品中一定的水分形成提取脂类的溶剂，在使样品中组织中结合态脂类游离出来的同时与磷脂等极性脂类的亲和性增大，从而有效地提取出全部脂类，经过滤除去非脂成分，回收溶剂，对残留脂类用石油醚提取，蒸去石油醚后定量。

3. 实验条件

(1) 试剂

氯仿、甲醇、石油醚。

(2) 实验仪器

三角烧瓶、离心机、布氏漏斗、抽滤瓶、旋转蒸发仪。

4. 实验步骤

提取：准确称取样品 5g，放入 200mL 三角烧瓶中，加入 60mL 氯仿-甲醇混合液（体积比=2∶1），超声提取 30min。

回收溶剂：提取结束后，用漏斗过滤得滤液，用氯仿-甲醇混合液洗涤烧瓶漏斗及漏斗中的试样残渣，洗涤液并入滤液中。后样品液用旋转蒸发仪减压浓缩至瓶内显浓稠态，但不能使其干涸，冷却。

萃取、定量：用移液管加入 25mL 乙醚，立刻加塞振荡 5min，将醚层移入具塞离心管中，用移液管迅速吸取离心管中澄清的醚层 10mL，于已恒重的称量瓶内，于 100～105℃烘箱中烘至恒重（约 30min）。

5. 结果处理

$$w=(m_2-m_1)\times 2.5/m$$

式中 w——脂类质量分数，%；

m——试样质量，g；

m_2——称量瓶与脂类质量，g；

m_1——称量瓶质量，g；

2.5——从25mL乙醇中取10mL进行干燥，故乘以系数2.5。

6. 注意事项

提取结束后，用玻璃过滤器过滤再用溶剂洗涤烧瓶，每次5mL洗3次，然后用30mL洗涤残渣及滤器，洗涤残渣时可用玻璃棒一边搅拌试样残渣，一边用溶剂洗涤。

溶剂回收至残留物尚具有一定的流动性，不能完全干涸，否则脂类难以溶解于石油醚中，从而使测定结果偏低。所以，最好在残留有适量水分时停止蒸发。

7. 思考题

旋转蒸发仪如何使用?

实验 4-5　普洱茶中茶多酚含量的测定

1. 实验目的

掌握酒石酸铁比色法测定茶多酚的含量的原理及操作。

进一步熟悉分光光度计的使用。

2. 实验原理

茶叶中多酚类物质占茶嫩梢干重的 20%～35%，由约 30 种以上的酚类物质所组成，通称茶多酚。茶多酚能溶于水、乙醇、甲醇、丙酮、乙酸乙酯，微溶于油脂；对热、酸较稳定，2%的溶液加热至 120℃并保持 30min，无明显变化；在碱性条件下易氧化变质。

茶多酚的测定方法有高锰酸钾直接滴定法和酒石酸铁比色法，由于高锰酸钾直接滴定法操作比较复杂，且靠肉眼观察颜色判断终点，如果样品溶液颜色较深时，可能影响测定结果。本实验将应用酒石酸铁比色法测定茶多酚的含量。

酒石酸铁能与茶多酚生成紫褐色络合物，络合物溶液颜色的深浅与茶多酚的含量成正比。因此可以用比色方法测定。该法可避免高锰酸钾滴定法所产生的人为视觉误差。

3. 实验条件

（1）试剂

pH 7.5 磷酸盐缓冲液、磷酸氢二钠（称取 23.377g 磷酸氢二钠，加水溶解后定容至 1L）、磷酸二氢钾（称取 9.078g 磷酸二氢钾，加水溶解后定容至 1L）、酒石酸亚铁溶液（称取 1g 硫酸亚铁和 5g 酒石酸钾钠，用水溶解并定容至 1L）。

（2）实验仪器

分光光度计等。

4. 实验步骤

取上述磷酸氢二钠溶液 85mL 和磷酸二氢钾溶液 15mL 混合均匀，配置成 pH 7.5 的磷酸盐缓冲液。

样品溶液的制备方法：准确称取茶叶磨碎样品 5g 于 200mL 三角烧瓶中，加入沸水 80mL，在沸水浴中浸提 30min。然后过滤、洗涤，滤液倒入 100mL 容量瓶中，冷至室温。最后用蒸馏水定容至刻度，摇匀，备用。

测定：吸取样品溶液 1mL 于 25mL 容量瓶中，加蒸馏水 4mL，加酒石酸亚铁溶液 5mL，摇匀，再加入 pH 7.5 磷酸盐缓冲液稀释至刻度。以蒸馏水代替样品溶液加入同样的试剂作空白。选择 540nm 波长和 1cm 的比色皿测定吸光度（A），平行测定三次，求平均值。

5. 结果处理

$$w=\frac{A\times 3.913}{1000}\times\frac{T}{V\times m}\times 100\%$$

式中　w——茶多酚的含量，%；

A——样品溶液的吸光度值；

T——样品溶液的总体积，mL；

V——测定用样品溶液的量，mL；

m——样品质量，g；

3.913——用 1cm 比色皿，当吸光度为 1.0 时，试液中茶多酚的浓度，mg/mL。

6. 注意事项

磷酸盐缓冲液在常温下容易生长霉菌，放冰箱中保存或临用时现配。

样品溶液制备中的注意事项：

① 较透明的样液，如果味茶饮料，将样液充分摇匀后，直接取样测定。

② 较浑浊的样液，如果汁茶饮料、奶茶饮料等，称取充分混匀的样液 25mL 于 50mL 容量瓶中，加 95%的乙醇 15mL 充分混匀，放置 15min，用水定容至刻度，过滤。

③ 含有二氧化碳的样液，如碳酸饮料，量取充分混匀的样液 100mL 于 250mL 的烧杯中，称取其总量，于电炉上加热至沸，在微沸状态下加热 10min，以将二氧化碳排除，放冷，用水补足原来的质量，摇匀备用。

实验 4-6　豆乳饮料中氨基酸含量的测定

1. 实验目的

学习茚三酮显色法测定氨基酸含量的方法。

2. 实验原理

氨基酸在碱性溶液中能与茚三酮作用，生成蓝紫色化合物（除脯氨酸外均有此反应），可用分光光度法测定。该蓝紫色化合物的颜色深浅与氨基酸含量成正比，其最大吸收波长为 570nm，故据此可以测定样品中氨基酸含量。

3. 实验条件

（1）试剂

20g/L 茚三酮溶液、pH 8.04 磷酸盐缓冲液、磷酸氢二钠溶液、氨基酸标准溶液、样品液（氨基酸 0.5～50μg/mL）。

（2）实验仪器

分光光度计、水浴锅。

4. 操作步骤

（1）样品的制备

取 5mL 豆乳饮料，稀释至 100mL。

（2）标准曲线绘制

准确吸取 200μg/mL 的氨基酸标准溶液 0.0、0.5、1.0、1.5、2.0、2.5、3.0mL（相当于 0、100、200、300、400、500、600μg 氨基酸），分别置于 25mL 容量瓶或比色管中，各加水补充至容积为 4.0mL。然后加入茚三酮和磷酸盐缓冲液各 1mL，混合均匀，于沸水浴上加热 15min，取出迅速冷却至室温，加水至标线，摇匀。静置 15min 后，在 570nm 波长下，以试剂空白为参比测定其余各溶液的吸光度 A。以氨基酸的微克数为横坐标，吸光度为纵坐标，绘制标准曲线。

（3）氨基酸样品测定

吸取澄清的样品溶液 1～4mL，按标准曲线制作步骤，在相同条件下测定吸光度 A 值，用测得的 A 值在标准曲线上可查得对应的氨基酸微克数。

5. 思考题

茚三酮法测定氨基酸含量的原理是什么？

怎样绘制标准曲线？

实验 4-7 面粉中灰分含量的测定

1. 实验目的

明确灰分的测定与控制成品质量的关系。

明确灰化条件与样品组分的关系。

掌握食品的基本灰化方法。

2. 实验原理

食品经灼烧后所残留的无机物质称为灰分，灰分采用灼烧重量法测定。

3. 实验条件

高温炉、瓷坩埚、坩埚钳、分析天平、干燥器。

4. 实验步骤

① 取大量适宜的瓷坩埚置高温炉中，在 600℃下灼烧 0.5h，冷至 200℃以下后取出，放入干燥器中冷至室温，精密称量，并重复灼烧至恒量。

② 加入 2～3g 固体样品，精密称量。

③ 样品以小火加热使样品充分炭化至无烟，然后置高温炉中，在 550～600℃灼烧至无炭粒，即灰化完全。冷至 200℃以下后取出放入干燥器中冷却至室温，称量。重复灼烧至前后两次称量相差不超过 0.5mg 为恒量。

④ 计算：

$$X=(m_1-m_2)/(m_3-m_2)$$

式中 X——样品中灰分的含量，%；

m_1——坩埚和灰分的质量，g；

m_2——坩埚的质量，g；

m_3——坩埚和样品的质量，g。

实验 4-8　口服液中锌含量的测定

1. 实验目的

掌握双硫腙比色法测定锌含量的方法。

熟练掌握紫外分光光度计的使用。

2. 实验原理

在 pH＝4.0～5.5 时，锌离子与双硫腙形成红色配合物，溶于四氯化碳，同时加入硫代硫酸钠作为掩蔽剂防止其他离子的干扰，与标准系列比较定量。

吐温-80 是一种非离子型表面活性剂，其具有双亲性。本实验在上述原理的基础上使双硫腙溶于吐温-80 中，再与锌络合，直接比色进行测定。经改进后该方法不需要有毒的四氯化碳作溶剂，操作简单、快捷、安全。

3. 实验条件

（1）试剂

乙酸-乙酸盐缓冲液（2mol/L 乙酸钠溶液与 2mol/L 乙酸等容混合，此溶液 pH 为 4.7 左右）、硫代硫酸钠溶液（250g/L）、0.1%双硫腙-吐温 80 溶液、锌标准溶液母液（300μg/mL）、未知浓度的锌溶液。

（2）实验仪器

紫外-可见分光光度计、电子天平。

4. 实验步骤

（1）样品溶液的制备

精密吸取未知浓度的锌溶液 1mL，置 100mL 容量瓶中，加水稀释至刻度，摇匀。

（2）标准曲线的绘制

取锌标准溶液母液 1mL，稀释 100 倍得锌标准溶液。精密吸取 0、1.0、2.0、3.0、4.0、5.0mL 锌标准使用液，分别置于锥形瓶中，各加水至 10mL（表 4-5）。分别加入 5mL 乙酸-乙酸盐缓冲液及 1mL 硫代硫酸钠溶液（250g/L）混匀，各加入 2.5mL 双硫腙-吐温 80 溶液混匀，静置 20min。以空白管调节零点，于波长 530nm 处测定吸光度，标准各点吸收值减去空白管吸收值后绘制标准曲线，得直线回归方程。

表 4-5　标准溶液配制

配方	管号					
	1	2	3	4	5	6
锌标准溶液/mL	0	1.0	2.0	3.0	4.0	5.0
水/mL	10.0	9.0	8.0	7.0	6.0	5.0
锌浓度/(μg/mL)	0	0.3	0.6	0.9	1.2	1.5

（3）样品溶液的测定

取稀释后的样品溶液 2.5mL 进行测定，加水至 10mL，后续实验步骤同标准品。得吸光度 A，将此数据代入标准曲线方程，得样品液中锌的浓度。

5. 结果处理

$$C_0=C_1\times\frac{10}{2.5}$$

式中　C_0——未知浓度的锌溶液的浓度（未稀释前溶液的浓度），μg/mL；

C_1——通过标准曲线计算出的样品溶液浓度，μg/mL。

6. 思考题

选用吐温-80 配制双硫腙有什么作用？

如何使用紫外-可见分光光度计？

实验 4-9　食品中维生素 C 的测定

1. 实验目的

学习利用紫外吸收光谱测定物质含量的原理和方法。

熟练紫外-可见分光光度计的操作。

掌握利用紫外分光光度法测定食品中维生素 C 的原理。

2. 实验原理

维生素 C 是一种酸性己糖衍生物，具有烯醇式己糖内酯立体结构，分 D 和 L 两种立体构型，但只有 L 型有生理功效。维生素 C 具有较强的还原性，在一定条件下氧化型和还原型可以互变，两者均具有生物活性（图 4-2），其 C2 和 C3 位上两个相邻的烯醇式羟基极易解离而释放出 H^+，故维生素 C 虽然不含自由羧基，仍具有有机酸的性质。维生素 C 呈无色无臭的片状结晶体，易溶于水，不溶于脂。其在酸性环境中稳定，遇空气中氧、热、光、碱性物质，特别是有氧化酶及痕量铜、铁等金属离子存在时可促进其破坏速度。

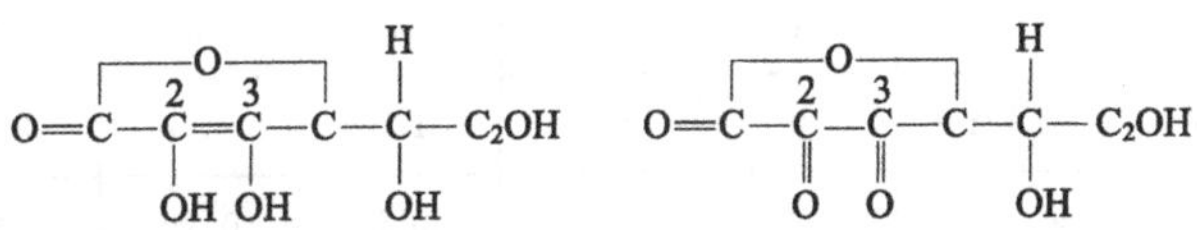

抗坏血酸(还原型)　　抗坏血酸(氧化型)

图 4-2　维生素 C 的结构式

维生素 C 是具有 π 电子的共轭双键化合物、芳香烃化合物等，在紫外光谱区都有强烈吸收，其摩尔吸收系数 k 可达 $10^4 \sim 10^6$。利用紫外吸收光谱进行定量分析，要借助朗伯-比尔定律。根据维生素 C 在稀硫酸溶液（维生素 C 水溶液在 pH 5～6 稳定）中，在 240nm 波长处有最大吸收的特性，建立了紫外分光光度法测定饮料中维生素 C 含量的方法。

3. 实验条件

(1) 实验试剂

98%浓硫酸（分析纯，1.84g/mL）、维生素标准品、雪碧饮料、蒸馏水。

0.005mol/L 硫酸溶液：用 0.5mL 移液管移取 0.27mL 98%浓硫酸放入事先已盛有蒸馏水的烧杯中，搅拌，冷却至室温后移入 1000mL 容量瓶，稀释至刻度，待用。

0.5g/L 维生素标准溶液：精密称取维生素 C 对照品 50mg 置 100mL 量瓶

中，加 0.005mol/L 硫酸溶液制成 0.5g/L 对照品溶液。

（2）实验仪器

容量瓶（100mL、1000mL）、移液管（1mL、5mL）、烧杯、紫外-可见分光光度计。

4. 实验步骤

（1）维生素 C 光谱扫描

以 0.005mol/L 硫酸溶液为空白，测定维生素 C 在稀硫酸溶液中最大吸收波长。

（2）维生素 C 标准曲线的绘制

用移液管精密量取 0.5g/L 维生素标准溶液 0、0.5、1.0、1.5、2.0、2.5mL，分别置于 50mL 比色管中，用 0.005mol/L 硫酸溶液稀释至刻度，摇匀待用（表 4-6）。以空白管调节零点，于最大吸收波长处测定吸光度，以维生素 C 质量为横坐标，吸光度 A 为纵坐标绘制标准曲线，得直线回归方程。

表 4-6 标准溶液配制

配方	管号					
	1	2	3	4	5	6
维生素 C 标准溶液(0.5g/L)/mL	0	0.5	1.0	1.5	2.0	2.5
维生素 C 质量/mg	0	0.25	0.5	0.75	1	1.25

（3）样品含量测定

取 3mL 雪碧饮料，置于 50mL 比色管中，用 0.005mol/L 硫酸溶液稀释至刻度，摇匀，在最大吸收波长处测定吸光度。

5. 结果处理

$$雪碧中维生素\ C = x/3$$

式中 x——测得的雪碧中维生素 C 的质量，mg。

6. 注意事项

维生素 C 还原性很强，在空气中易被氧化，在酸性介质中氧化作用减慢，水溶液在 pH=5～6 稳定，故本实验选用 0.005mol/L 硫酸溶液（pH=5.2）为溶剂，维生素 C 稳定性好。

利用紫外分光光度法测定食品中维生素 C 的含量，该法操作简便、快速、准确，所用试剂价格低廉、易得，适合食品中维生素 C 含量测定的快速分析。

实验 4-10　食用白醋总酸及有效酸度的测定

1. 实验目的

进一步熟悉及规范滴定操作。

学习并了解碱滴定法测定总酸及有效酸度的原理及操作要点。

2. 实验原理

(1) 总酸测定原理

食品中的有机酸，用 NaOH 标准溶液滴定时，被中和成盐类。以酚酞为指示剂，滴定至溶液呈现微红色，30s 不褪色为终点，根据所消耗标准碱液的浓度和体积，即可计算出样品中酸的含量。

$$RCOOH + NaOH \longrightarrow RCOONa + H_2O$$

此中和反应用酚酞作指示剂。无色酚酞与碱作用时，生成酚酞盐，同时失去一分子水，引起醌型重排而呈现红色。

(2) 有效酸测定原理

利用 pH 计测定食品中的有效酸度（pH）。

3. 实验条件

(1) 实验试剂

0.1mol/L NaOH 溶液、0.2%酚酞试剂、食用白醋、邻苯二甲酸氢钾。

(2) 实验仪器

电子天平、碱式滴定管、移液管、容量瓶、锥形瓶、pH 计。

4. 实验步骤

(1) 0.1mol/L NaOH 溶液浓度的标定

准确称取邻苯二甲酸氢钾 3 份，每份 0.4～0.6g，分别于锥形瓶中，加入 40～50mL 蒸馏水溶解，加入 2 滴酚酞指示剂，用 NaOH 溶液滴定至微红色，30s 内不褪色即为终点。平行测定 3 份，计算 NaOH 溶液的浓度。数据记录及结果处理填入表 4-7。

表 4-7　NaOH 溶液浓度的标定

项目	滴定编号		
	1	2	3
称取 $KHC_8H_4O_4$ 的质量/g			

续表

项目	滴定编号		
	1	2	3
消耗 NaOH 溶液的体积/mL			
NaOH 溶液的浓度/(mol/L)			
NaOH 溶液的平均浓度/(mol/L)			

(2) 食用白醋总酸的测定

用移液管吸取 25.00mL 白醋原液，移入 250mL 容量瓶中，定容。用移液管平行移取 25.00mL 已稀释的醋酸 3 份，分别放入 250mL 锥形瓶中，加酚酞指示剂 2 滴，用 NaOH 标准溶液滴定至终点。白醋中总酸的含量 X(g/L) 可表示为：

$$X=\frac{C_{\mathrm{NaOH}}\times V_{\mathrm{NaOH}}\times M_{\mathrm{HAc}}}{25.00\times\dfrac{25.00}{250.0}}$$

实验结果填入表 4-8。

表 4-8 白醋总酸含量的测定

项目	滴定编号		
	1	2	3
标准 NaOH 溶液的浓度/(mol/L)			
消耗 NaOH 溶液的体积/mL			
白醋中总酸量/(g/L)			
白醋中总酸量平均值/(g/L)			

(3) 白醋有效酸度的测定

利用 PHS-3C 精密 pH 计测定：用移液管吸取 25.00mL 白醋原液，移入 250mL 容量瓶中，定容。取适量样品加入锥形瓶中，测定。

5. 思考题

总酸及有效酸度的区别有哪些？

为什么要标定氢氧化钠溶液？

第5章 食品工艺实训

实验5-1 果蔬干制实验

1. 实验目的

加深对果蔬干制保藏原理的理解；了解果蔬干制工艺流程和操作要点；掌握热风干制技术及一般果蔬的实验室干制方法；探究护色处理对干制果蔬品质的影响。本实验以鲜苹果、胡萝卜、土豆等为原料，用0.2%异抗坏血酸钠、0.1%维生素C处理，探究其护色效果，同时探究胡萝卜不同护色处理及切片方式对其复水的影响。

2. 实验原理

果蔬干制是果蔬加工中的干燥和脱水统称，是指在自然条件或人工条件下促使果蔬原料或产品中水分蒸发的工艺过程。果蔬干制的目的是降低果蔬含水量，提高可溶性固形物的浓度，提高渗透压或降低水分活度，从而有效地抑制微生物生长和酶的活性，延长制品贮藏期。本实验以热风干燥为例进行介绍。热风干燥（也叫加热干燥），是以空气为加热介质，利用太阳能、电能、燃煤等将空气加热，热空气和物料进行热交换，促使物料中的水分蒸发，从而达到干制目的。

3. 实验条件

（1）实验材料

苹果、胡萝卜、土豆、异抗坏血酸钠、维生素C、0.3%～0.5%联苯胺指示剂（用50%乙醇溶解）、0.3%～0.5%愈创木酚指示剂（用50%乙醇溶解）、过氧化氢。

（2）实验用具

不锈钢刀（1把）、锅（1口）、盆（3个）、砧板（1块）、削皮刀（1把）、竹筛（若干）、电磁炉（1台）、热风干燥箱、电子秤（1台）、天平（1

台）等。

4. 实验步骤

（1）水果干制工艺流程

苹果：原料选择→清洗→去皮→去芯→切片→护色→沥干→干燥→包装→贮藏

① 原料选择。苹果要求达到加工成熟度、风味好、无病虫害和机械伤。

② 原料整理。苹果去皮，将苹果先对切成两半，再横切成 4～6mm 厚的半圆片，去芯。

③ 护色处理。护色液：0.2%的异抗坏血酸钠，0.1%维生素 C。

护色液的用量为被浸泡的物料量的 1.5 倍（质量分数），要求能浸没全部物料即可，浸泡时间 20min，以能浸泡彻底为准。

苹果用 100℃清水烫漂 1min。对照组切分好后，直接放入烤箱内进行烘干。

④ 装筛。将护色处理后的物料沥干水分，均匀放置在竹筛上，放在 60～75℃的烘箱中干燥，2～3h 翻动一次，直至水分符合要求。干制品含水量在 5%～8%。完成干燥需 6～7h。

（2）蔬菜干制工艺流程

原料选择→清洗→去皮→切分→护色处理→干燥→包装→回软→检测

① 原料选择。选择新鲜、无病虫害和机械伤的原料。

② 原料整理。

胡萝卜：洗净、去皮，横切成 4～6mm 厚的圆片。

土豆：横切成厚约 6mm 的片状。

③ 护色处理。

护色液：0.2%的异抗坏血酸钠，0.1%维生素 C。

护色液的用量为被浸泡的物料量的 1.5 倍（质量分数），要求能浸没全部物料即可，浸泡时间 20min，以能彻底浸泡为准。

胡萝卜用 100℃清水烫漂，烫漂时间 2min。对照组切分好后，直接放入烤箱内进行烘干。

烫漂时间：烫漂时一般以过氧化氢酶和过氧化物酶恰好失活为标准来确定烫漂的时间。此实验中以检验过氧化氢酶失活为准，以愈创木酚指示液为指示剂。

检验过氧化物酶和过氧化氢酶的活性存在与否，可用指示剂和双氧水滴加在烫漂冷却后的原料纵切面上的中心部位，如果变色，说明酶的活性存在，如果不变色，说明酶的活性已经被钝化。

切面中心＋双氧水＋愈创木酚指示剂→红
切面中心＋双氧水＋联苯胺指示剂→蓝
} 酶活存在；切面不变色酶的活性已被钝化。

先取少量样品烫漂确定烫漂的时间，再根据水量和需要烫漂的样品量多少分批进行烫漂。具体操作方法：将样品放入达到温度的水中直至达到要求的烫漂时间，取出样品立即投入冷水中进行冷却，待完全冷却后捞出样品，沥干水分，均匀摆放在竹筛中，在 60～75℃的烘箱中干燥直至水分符合要求（干制品含水量在 5%～8%）。

（3）干制品的检测及数据记录

要求按表 5-1 记录原料重、切分后的重量及干制成品的重量并进行相应计算；对不同种类、不同护色处理的样品进行感官品质的比较，包括颜色、气味、风味、口感、干燥程度等方面。

（4）干制品的复水

称取各处理组的干制胡萝卜各 10g 加入 55℃的水 300g，放在 55℃的水浴锅中保温，每隔 20min 取出沥干称重一次，放回 55℃的水保温。重复进行 5 次，记录经不同复水时间胡萝卜的重量。

5. 结果处理

① 原料重、切分后重、干制品重见表 5-1。

表 5-1 原料及前处理与干制品成品率及干燥比的关系

原料	护色方式		原料重/g	切分后重/g	干制品重/g	成品率/%	干燥比
苹果		对照					
		0.2%的异抗坏血酸钠					
		0.1%维生素 C					
		烫漂					
胡萝卜	横切	对照					
		0.2%的异抗坏血酸钠					
		0.1%维生素 C					
		烫漂					
	竖切	对照					
		0.2%的异抗坏血酸钠					
		0.1%维生素 C					
		烫漂					

续表

原料	护色方式	原料重/g	切分后重/g	干制品重/g	成品率/%	干燥比
土豆	对照					
	0.2%的异抗坏血酸钠					
	0.1%维生素 C					
	烫漂					

注：干燥比$=\frac{\text{鲜重}}{\text{干重}}$；成品率$=\frac{\text{干制重}}{\text{原料重}}$。

② 胡萝卜复水实验数据见表 5-2。

表 5-2 胡萝卜复水实验数据

项目		初重	20min	40min	60min	80min	100min
竖切	对照						
	0.2%的异抗坏血酸钠						
	0.1%维生素 C						
	烫漂						
横切	对照						
	0.2%的异抗坏血酸钠						
	0.1%维生素 C						
	烫漂						

③ 绘制复水曲线。

④ 设计护色对比感官评定表，并进行评分。

6. 思考题

探究食品的表面积对果蔬干燥的影响。

探究食品护色处理对干制品质量的影响及护色的基本原理。

影响食品复水的因素有哪些？

影响食品护色的因素有哪些？

实验 5-2 软质冰淇淋加工

1. 实验目的

掌握冰淇淋制作的基本原理。

熟悉冰淇淋的加工工艺。

学会使用冰淇淋机和制作冰淇淋。

2. 实验条件

冰淇淋机（凝冻机）、冰箱、杀菌釜（夹层）、电子秤（0.1g）、量杯、温度计等。

3. 实验步骤

原料的配合→原料的混合→杀菌→均质→老化→凝冻（软质冰淇淋）

冰淇淋的配方表见表 5-3。

表 5-3 冰淇淋配料表

全脂奶粉	奶油	蔗糖	单干酯	琼脂粉	羧甲基纤维素
9.0%	5.0%	14%	0.25%	0.25%	0.1%

注：无脂干物质 6.59%，脂肪 7.34%，总干物质 28.53%。

① 原料的混合。先将液体原料进行加热。将蔗糖、奶粉倒入混料缸，通过混合泵混合溶解。稳定剂用 10 倍左右质量的蔗糖混匀，用 45℃左右的温水或牛乳浸渍 20min，充分吸水后加热至 60～70℃溶解，然后加入开始杀菌的混合料中。使用淀粉时，先使之成糊状，再加入混合料中。使用奶粉、乳清粉时，最好在 20℃下水合 40～60min。香料需在老化结束后，凝冻前加入。使用果汁时，需在冻结过程中加入，否则由于果汁中的有机酸易使酪蛋白沉淀，而使组织不良。

② 混合料的杀菌。杀菌不仅可以杀灭有害微生物，还可以使制品组织均匀，气味良好。混合料的杀菌多采用 62～65℃、20min 的低温长时间（LTLT）杀菌制度；也可采用 80℃、15s 的高温短时（HTST）杀菌制度。使用鸡蛋时，杀菌温度需慢慢上升，最好采用 80℃、15s 的杀菌制度，若温度上升过急，处理时间过久，则易使鸡蛋蛋白质发生絮状沉淀。杀菌时应将各种原料进行充分搅拌，充分混合。

③ 过滤。杀菌后的混合原料经 120 目过滤，以除去杂质。

④ 混合料的均质。低温杀菌后的混合原料，采用60～63℃、15～21MPa的均质条件最适宜。均质可以增加混合料的黏度，凝冻搅拌时气泡容易混入，提高膨胀率；且能够使组织滑润、防止脂肪分离；还能提高脂肪的消化率，增强成品的稳定性，不易融化。

⑤ 老化。老化是指将均质后的混合料，立即通过冷却器冷却至2～4℃，并在此温度保持4～24h（普通为12～24h）的保持低温，使混合料在物理上成熟的过程。

⑥ 凝冻。将老化好的混合料在冰淇淋冻结机内进行冻结处理的过程称为凝冻。凝冻前混合料的温度以不超过5℃为宜。加入混合料前凝冻机的温度应在－5℃左右，混合料加入后不致使温度升高过多。搅拌转速应保持在150～200r/min。搅拌10～15min后即可制成膨胀率为80%～100%的成品冰淇淋，此时成品温度在－3～－2℃的范围内。软质冰淇淋理想的膨胀率为40%～50%。膨胀率的计算如下：

$$B=\frac{v_1-v_2}{v_2}$$

式中 B——膨胀率；

v_1——100g成品冰淇淋的体积；

v_2——100g混合料的体积。

4. 结果处理

实验结果记录见表5-4。

表5-4 实验记录表

项目	冰淇淋
色泽	
形态	
组织	
气味与滋味	
口感	
膨胀率	

5. 思考题

如何提高冰淇淋的膨胀率？

乳化剂和增稠剂在冰淇淋中所起到的作用是什么？

实验 5-3 花生核桃乳的加工工艺

1. 实验目的

了解花生核桃乳的加工原理及营养价值。

熟悉和掌握花生核桃乳制作的工艺流程。

了解其他植物蛋白饮料的生产特性。

2. 实验原理

植物蛋白饮料是指用蛋白质含量较高的植物果实、种子以及核果类或坚果类的果仁等为原料，与水按一定比例磨碎、去渣后加入配料制得的乳浊状液体制品，其成品蛋白质含量不低于 0.5%。

花生富含蛋白质、必需氨基酸、不饱和脂肪酸，具有低胆固醇、营养成分全面的特点，能防止机体衰老，促进脑细胞发育及防止动脉硬化。以花生仁核桃仁为主要原料，经浸泡、破碎、制浆、脱腥等工艺制成浆液后，辅以一定的甜味剂、乳化剂、稳定剂，即可配制出营养丰富、风味独特的植物蛋白饮料——花生核桃乳。

3. 实验条件

(1) 实验材料

花生仁、核桃、白砂糖、乳化剂（蔗糖脂肪酸酯）、食品级 NaOH、稳定剂（黄原胶）、柠檬酸。

本实验采用的产品配方为花生仁 8%，核桃仁 3%，白砂糖 6%，蔗糖脂肪酸酯 0.15%，黄原胶 0.08%。

(2) 实验仪器

配料罐（玻璃瓶、易拉罐）、蒸煮设备、磨浆机、过滤机、砂轮磨、胶体磨、均质机、灌装机、水浴锅、100 目和 200 目筛网。

4. 实验步骤

核桃仁→碱液浸泡→脱皮、干燥→粉碎　　　糖、稳定剂等

↓（核桃仁粉碎后并入“混合、磨浆”）　↓（糖、稳定剂等并入“调配”）

花生仁→烘烤→脱皮→粉碎→混合、磨浆→过滤→调配→均质→杀菌→灌装→冷却→成品

(1) 原料选择

市售花生仁，种粒饱满、质量上乘，大小匀称，红衣淡红无褶皱，外表光

泽无霉变，无虫蛀咬。市售去壳核桃仁，新鲜、无虫蛀、无霉变，用清水漂洗除去泥沙和残壳等异物杂质。

（2）灭酶去红衣

花生仁中含有脂肪氧化酶，会使花生乳产生青涩味。花生仁红衣色素影响产品的色泽，红衣中的红衣单宁则影响产品的口感。因此制浆前，应灭酶和脱去红衣，方法有干法和湿法两种：

① 烘烤脱衣（干法）。烘烤温度 140℃、时间 10min。花生干燥时烘烤温度相对低些，时间亦长些。烘烤以形成淡淡黄色、产生香味而不太熟为宜，取出后手工搓去红衣。

② 热烫脱衣（湿法）。脱壳花生仁在 95℃以上热水中浸渍几十秒钟，使花生衣刚润透而未渗入果肉为宜，然后用机械摩擦去皮。脱衣后花生仁需采用沸水热烫 2～3min 灭酶，然后用清水漂洗冷却。

（3）核桃去皮处理

将核桃仁用水漂洗除去灰尘泥沙等杂物后，用 3%的 NaOH，85℃水浴加热方法，不断搅拌促进摩擦，处理 3～4min，清水冲洗 3～4 遍，去除残留碱液，于鼓风干燥箱中烘干。

（4）磨浆、过滤

磨浆一般采用粗磨和细磨两次磨浆法。本实验粗磨用全营养调理机，将烤熟去皮的花生仁和去皮洗干净的核桃仁分别用小型高速粉碎机粉碎，按照配方用量混合，加入 60～65℃的蒸馏水，置于 XW-20A 全营养调理机中打浆，调至高速打浆 5min。精磨使用胶体磨，精磨时注意调节胶体磨动、静磨片之间的距离，使浆液的浆粒细度达到 200 目左右，磨后用 200 目筛网过滤。若浆粒过粗，则细胞组织不能够被充分破坏，蛋白质不能够被充分提取出来，以致影响饮料口感和质量，降低饮料的营养价值；但是精磨后的浆粒过细则不利于浆液分离，会影响过滤。磨好的浆液应该组织细腻、光滑，颜色乳白。

（5）调配

制造花生核桃乳的原料除花生核桃浆液外，还有白砂糖、乳化剂、乳化稳定剂（增稠剂）等。配料时可以将乳化剂、稳定剂与部分浆液混合，通过胶体磨均匀混合后加入其余花生浆中，然后将其与糖液混合，配料时温度保持在 60～65℃。

（6）均质

采用二次均质，第一次采用 50～60℃、30MPa 的压力均质，第二次采用 70～80℃、30～35MPa 的压力均质。均质使蛋白质颗粒和乳状液中脂肪滴进一步乳化细微化，有利于稳定剂与蛋白质结合，提高产品乳化稳定性。

(7) 杀菌、灌装、密封

在 85～90℃下进行巴氏杀菌，然后进行热灌装，灌装温度一般为 70～80℃，用玻璃瓶作为包装容器。

(8) 二次杀菌与冷却

灌装密封后进行二次杀菌，花生乳属于低酸性食物，因此需要采用高温杀菌方式（121℃，15～30min），杀菌后冷却到 37℃左右。

5. 结果处理

① 感官要求。

色泽：乳白色，无分层、沉淀现象。

滋味：口感细腻，脂香浓郁，有花生典型的香气与滋味。

组织状态：花生乳状液均匀一致，无明显脂肪上浮和分层沉淀。

杂质：无肉眼可见的外来杂质。

② 评分标准见表 5-5。

表 5-5　感官评分标准

分值级别	色泽（25 分）	滋味和气味（25 分）	状态（25 分）	杂质（25 分）
21～25	均匀乳白色	甜味适宜，口感纯正，香气浓郁	良好	无可见杂质，均匀细腻
11～20	稍微偏暗	甜味偏淡或略感单一，香气一般	稍差	有些许杂质，但不明显
0～10	不均匀，偏暗	甜腻感重，生腥味，哈败味	过稠或过稀	有明显杂质

6. 思考题

植物蛋白乳状液性质与产品的稳定性有何关系？

怎样保证和提高产品的稳定性？

植物蛋白饮料生产中如何提高原料中蛋白质的提取回收率？

在加工环节如何避免出现腥味和青涩味，保证口感？

实验 5-4 纸杯蛋糕的加工制作

1. 实验目的

掌握纸杯蛋糕制作的工艺流程，了解面糊调制的方法。

2. 实验原理

蛋糕的蓬松是通过蛋液搅打（俗称打蛋）这样一种机械方式将空气引入蛋液中，并形成大量气泡。鸡蛋清中的某些蛋白质吸附在气液界面上，其亲水基朝液相，疏水基朝气相，在气泡周围形成一层蛋白质吸附层（蛋白膜），从而降低了界面张力，增加了泡沫稳定性。同时，蛋白膜对气泡的保护作用，亦使气泡不易因碰撞而发生结合或破裂。此外，蛋液的黏稠性对维持泡沫稳定性也起了一定作用。

3. 实验条件

（1）实验设备

食品搅拌机（打蛋机）、电烤炉、烤盘、蛋糕烤模、台秤、面筛、不锈钢盆、模具、手套等。

（2）实验材料

鸡蛋 250g（约 5 个鸡蛋）、玉米油 50g、牛奶 50g（可用水代替）、低筋面粉 72g、白砂糖 50g、纸杯。

4. 实验步骤

① 蛋清、蛋黄分离。蛋清冷冻至有少许冰碴。

② 玉米油、牛奶混合搅拌至看不到油渍，加入面粉搅拌至无干粉，加入蛋黄搅拌均匀。“Z” 字形搅拌，防止出面筋。

③ 蛋清打发。

④ 取 1/3 蛋白霜放入蛋黄糊中，轻轻翻拌均匀，后倒回剩余的 2/3 的蛋白霜中，翻拌均匀。

⑤ 倒入模具或纸杯，约八分满。

⑥ 烘烤，上下火 165℃，约 25min（时间根据面糊的厚度调节）。

⑦ 冷却。

⑧ 烘烤结束后立即取出，出炉后稍冷却，然后脱模，再继续冷却，包装。鉴定蛋糕是否成熟的简单方法是用一根细长的竹签或筷子轻插入蛋糕的中心，抽出后看竹签上是否粘有生的面糊。有则表示还没烘熟，应继续烘烤至熟（不粘筷），也可用手指轻压蛋糕表面，如能弹回则表示已烘熟。

5. 结果处理

① 形态：蛋糕制品形态要规范，厚薄要均匀，无塌陷和隆起（平整、端正、圆整）。

② 色泽：蛋糕制品表面应呈金黄色，内部呈微黄色，色泽要均匀一致（棕黄色，裱花蛋糕雅而不俗）。

③ 组织：蛋糕制品的糕坯不发黏，膨松适度，气孔均匀而有弹性，无面粉、糖、蛋疙瘩。

④ 口味：蛋糕制品应松软可口，甜味适度，有蛋糕香味（裱花蛋糕，吃口圆润）。

⑤ 卫生：制品内外无杂质、无污染、无异味。

⑥ 质感：细腻、有弹性、气孔小，糕坯不发黏，像海绵一样。

6. 注意事项

为了避免面糊中出现未融化的砂糖粒，使烘烤的蛋糕表面产生白点，应选择细砂糖。

实验 5-5 挂面的制作

1. 实验目的

学习挂面的制作。

掌握挂面生产中各添加剂的作用。

2. 实验原理

面粉是挂面生产的主要原料。水分 14.5%±0.5%，湿面筋≥26%，灰分≤0.70%，降落值≥200s，稳定时间≥ 3min。制作挂面用中力粉中的一等粉或二等粉，蛋白质含量为 8%～10%，湿面筋含量为 28%～32%，灰分为 0.40%～0.65%。新磨制面粉不宜直接用来加工挂面。

水质影响挂面质量。水中金属离子易与蛋白质结合，降低面筋弹性和延伸性；金属离子与淀粉结合影响淀粉的正常胀润和糊化。日本用水质量标准是：pH 值 5～6，硬度＜10，浊度＜1，色度＜1，含铁量＜0.1mg/L，含锰量＜0.1mg/L，铁+锰含量＜0.1mg/L，碱度＜30mg/L，有机物＜5mg/L。我国使用符合卫生标准的自来水，并满足下列条件：硬度＜10，pH 值 5.8～8.6，含铁量＜0.3mg/L，含锰量＜0.1mg/L。

食盐水和面起到以下作用：增强湿面筋的弹性和延伸性，改善面团的工艺性能；有利于控制干燥条件；抑制杂菌滋生，延长保存期；稳定工艺条件。改变食盐添加量控制面团硬度和弹性，保证挂面的质量；能起一定的调味作用。用盐水和面也有其不利的一面，即容易返潮软化。加盐量根据面粉中蛋白质含量、气温高低、面条加工工艺以及消费习惯进行调整。盐水浓度一般为 2%～3%。

适量碱使面条具有韧性、弹性及爽滑口感。碱作用于蛋白质和淀粉，能增强筋力，煮面时不浑汤；还可中和游离脂肪酸，减少对面筋危害。用碱量为 0.1%～0.3%，包括碳酸钠、碳酸钾、磷酸盐。

3. 实验条件

(1) 实验原料

面粉、蔬菜、市售的加碘食盐、食用碱。

(2) 实验仪器

面条机、天平、和面机等。

4. 实验步骤

蔬菜浆制备→和面→熟化→轧延→切条→干燥→切断

（1）蔬菜浆的制备

选择色泽较深的胡萝卜，洗净去皮后立即称重。然后将其切成约 0.5cm 厚的片状，迅速放入浓度为 0.5%的盐水中护色 20min。将胡萝卜片洗干净后放入沸水中进行软化，待中心无硬心，色泽均匀一致时捞出，加 1/2 胡萝卜质量的水共同放入打成浆机中进行破碎。最终在胶体磨中均质 3min，制得细腻胡萝卜浆。

（2）和面。

① 目的和作用。使小麦粉中的蛋白质吸水膨胀，互相粘连，逐步形成面筋网络；面粉中的淀粉也吸水湿润，从不可塑的面粉变成可塑性的“熟粉”，为复合压延准备条件。

② 和面要求。四定：定量、定水、定时、定温。

定量：进机面粉流量稳定，断头不超过面粉的 10%～15%。

定水：使面粉中的面筋质充分吸水膨胀。挂面生产中，加水量约为面粉重量的 24%～30%，粉质仪测定吸水率的 44%左右。

定温：一般应使料坯温度保持在 30℃左右。

定时：合理时间为 15～20min，随季节变化而不同。

将面粉 1000g 准确称量后加入和面机，将食盐（面粉质量的 2.0%）、胡萝卜浆（面粉质量的 25%）、水（面粉质量的 30%）混匀后加入（分多次加入）。调配好蔬菜与面粉后，开动和面机，控制转速 70r/min，温度 25～30℃，时间 10～15min（冬季宜长，夏季较短）。和面结束时，应形成干湿均匀、色泽一致、呈散豆腐渣状的面团坯料，手握可成团，轻轻揉搓又为松散小颗粒，且断面有层次感。

（3）熟化

面团和好后进入熟化阶段，为了消除面团内部由于和面时高速搅拌形成的内应力，进一步促进水化作用，从而达到改善面筋质量的目的。通常熟化时间 10～15min，熟化温度 20～25℃。

（4）轧延（压片）

熟化后的面团经过面条机辊压形成组织细密、互相粘连、厚薄均匀、光滑平整，无疙瘩，无并条的面带。压片的道数不少于 5 道。调节辊距使面带逐渐变薄，经过多次辊压后，制成厚度 1.3～1.4mm 的薄片。注意面团的喂入情况，保持喂料均匀不断，面带光滑平整厚薄均匀。

（5）切条

在轧好的面条上撒上少量干粉，进行手工切条或机器切条，将成品平铺在托盘上。

(6) 干燥

在50～55℃，相对湿度为55%～60%的烘房中干燥成水分含量约为14%的干面条，烘制1h，冷却后得成品。

(7) 切断

将干燥好的干面条下架，切割成18～26cm的挂面。

5. 结果处理

(1) 感官指标评价

参照T/YLNX 0011—2021面条质量评价方法，总分为100分，用评估检验法对水煮面条色泽，口感及挂面汤的混浊程度进行评价。评价结果采用百分制，其中干挂面的色泽占30分、烹调性占40分、面汤混浊度占30分（表5-6）。

表5-6　感官指标评定标准

等级	色泽（干挂面）（30分）	烹调性（40分）	面汤浑浊度（30分）	总分（100分）
一	橘红色。得20～30分	煮后面条口感不黏、柔软、爽口、面条断面无白芯、不牙碜。得28～40分	面汤清澈。得20～30分	68～100分
二	米黄色。得10～19分	煮后面条口感较黏牙、较柔软、较爽口、面条断面有白芯、不牙碜。得14～27分	面汤较浑浊。得10～19分	34～65分
三	乳黄色。得0～9分	煮后面条口感黏牙、不柔软、不爽口、面条断面白芯明显、不牙碜。得0～13分	面汤明显混浊。得0～9分	0～31分

(2) 挂面熟断条率测定

将20根干挂面放入水中煮沸20min，其中断条挂面数（s）占20根挂面的百分比即为挂面的熟断条率。熟断条率$=s/20$。

(3) 挂面烹煮损失率测定

称取20根干挂面质量（p），将其放于盛有样品质量50倍沸水的1000mL烧杯中，用可调温电炉加热，保持水微沸状态，当面条内部白硬线消失时取出晾晒干，称其质量（q）。

$$烹煮损失率=(p-q)/p$$

6. 思考题

食盐、食用碱在面条制作中的作用是什么？

影响挂面质量的因素有哪些？

实验 5-6　香肠的加工

1. 实验目的

通过实验使学生熟知和掌握香肠制作的工艺流程、工艺参数及加工技术，熟悉亚硝酸盐检测。

2. 实验步骤

(1) 肠衣的制备

取清除内容物的新鲜猪或羊小肠，清洗后置于平木板上，用有棱角的竹刀均匀刮去浆膜层、肌肉层和黏膜层后，剩下的色白而坚韧的薄膜（黏膜下层）即为肠衣。刮好、洗净后泡于水中备用。若选用盐渍肠衣或干肠衣，清洗后即可。

(2) 原料肉预处理

选用猪后臀，肥瘦比以 3∶7 为宜。瘦肉绞成 0.5～1.0cm^3 的肉丁；肥肉用切丁机或手工切成 1cm^3 的丁后，用 35～40℃热水漂洗去浮油，沥干水备用。

(3) 配料

广式香肠：肥肉 30kg、瘦肉 70kg、白酱油 5kg、白糖 5kg、精盐 3kg、50°曲酒 2.5kg。

麻辣香肠：原料肉 10kg、精盐 0.25kg、白糖 0.3kg、酱油 0.1L、白酒 0.2L、味精 20g、花椒粉 15g、胡椒粉 30g、五香粉 30g、辣椒粉 8g、姜粉 20g、亚硝酸钠 1.5g（用少量水溶解后使用）。

(4) 拌料腌制

将配料与肉丁拌匀，搅拌时加入 20%左右的温水，调节黏度和硬度，放置 1～2h，加入白酒。

(5) 肠衣准备

如果用天然干肠衣，用 50℃温水泡软。

(6) 灌制

用灌肠机灌制，掌握好松紧程度，不能过松或过紧。

(7) 扎针排气

用排针进行扎针，利于排出空气和干燥过程中的水分蒸发。

(8) 捆线结扎

根据产品的长短，用细麻绳打结。

(9) 漂洗

用35℃温水漂洗，洗去肠衣表面的油污，挂杆。

(10) 晾晒或烘烤

日光下曝晒2～3d，或50～60℃烘房烘48～72h。也可在阴凉通风的场所晾挂10～15d，即为成品。

3. 结果处理

(1) 感官评定

优质香肠的特征：

色泽：表现出诱人的鲜红色或粉红色，脂肪分布均匀，颜色鲜亮。

香气：散发出浓郁纯正的烘烤坚果香或醇厚的发酵香气，无异杂气味。

滋味：咸甜适中，滋味丰富协调。

质地：口感紧实有弹性，硬度、咀嚼度适中。

(2) 问题分析讨论

异味产生（哈败味、酸败味、腥味）的原因和解决办法是什么？

风味不足或不协调（香味寡淡、咸甜不适）的原因是什么？

实验 5-7 巴氏杀菌乳的加工

1. 实验目的

掌握巴氏杀菌乳的加工工艺过程。

理解巴氏杀菌原理。

2. 实验原理

巴氏杀菌法是法国生物学家路易·巴斯德（Louis Pasteur）于 1862 年发明的方法，杀菌温度低于 100℃，不同食品采用的巴氏杀菌温度往往不同。在一定温度范围内，温度越低，微生物繁殖越慢；温度越高，繁殖越快。但温度太高，微生物就会死亡。不同的微生物有不同的最适生长温度和耐热、耐冷能力。巴氏杀菌其实就是利用微生物不是很耐热的特点，用适当的温度和保温时间处理，将其全部杀灭。但经巴氏杀菌后，一般仍保存小部分无害或有益、较耐热的微生物或其芽孢。常见的巴氏杀菌食品有很多，如巴氏杀菌乳、啤酒、饮料。巴氏杀菌乳因为杀菌条件温和，热处理温度低，蛋白质变性程度较小，脂肪氧化程度低，不易产生蒸煮味、焦煳味等不良风味，较好地保留了原料乳中的风味，深受消费者的喜爱。

本实验以巴氏杀菌乳为例介绍食品巴氏杀菌。巴氏杀菌强度的评价采用碱性磷酸酶实验，其原理为在碱性磷酸酶的存在下，稳定的芳香族底物在 35℃下水解，生成化学发光产物，大分子增强组分将光信号放大，在规定的孵育时间后，停止水解，在用已知酶活力片剂校准过的发光检测仪上，测量化学发光产物的量，并将其转换成碱性磷酸酶活力。

3. 实验条件

(1) 实验材料

鲜牛乳、中性丁醇、2,6-双溴醌氯酰胺、95％乙醇、1mol/L 氢氧化钠溶液、苯甲基亚磷酸钠、硼酸盐缓冲液。

(2) 实验仪器

水浴锅、水槽、玻璃奶瓶、烧杯、温度计、秒表、带塞试管、移液枪。

4. 实验步骤

(1) 样品处理

将牛乳装入到奶瓶中，然后放入到水浴锅中进行加热，并不断搅拌。用温度计测量牛乳中心温度，当中心温度达到 85℃时，开始计时并保持 5min。杀菌后的牛乳快速冷却到室温，然后密封。将其放置于 0～4℃下进行贮藏，检验杀菌效果。

(2) 巴氏杀菌效果评价（磷酸酶实验）

① 试剂配制。

吉勃氏（Gibb）酚试剂：将 0.04g 2,6-双溴醌氯酰胺溶于 10mL 的 95% 乙醇中，置于棕色瓶中，于冰箱内保存。现配现用。

硼酸盐缓冲液：溶解 28.427g 硼酸钠于 900mL 水中，加入 1mol/L 氢氧化钠溶液 81.75mL，用水稀释至 1000mL。

缓冲基质：将 0.05g 苯甲基亚磷酸钠溶于 10mL 硼酸盐缓冲液中，用水稀释至 100mL。临用时配制。

② 分析方法。

取杀菌后的牛乳 10mL，装于试管中。

用移液枪吸取 0.5mL 乳样置于带塞试管中，加 5mL 缓冲基质溶液，振摇后经 36～44℃水浴 10min。

加入吉勃氏（Gibb）酚试剂 6 滴，立即摇匀，静置 5min。

观察颜色变化。为增加反应灵敏度，可加 2mL 中性丁醇，反复倒转试管，每次倒转后稍停片刻使气泡破裂，分出丁醇，然后观察结果。有蓝色出现时表示加热消毒处理不够，说明乳中磷酸酶未破坏。无蓝色变化则表示乳经过 80℃以上加热杀菌，乳中磷酸酶已被破坏。

用未经过杀菌的牛乳进行空白对照实验。

5. 结果处理

自行设计表格，对杀菌乳进行杀菌效果评价，用未经过杀菌的牛乳进行空白对照。

根据《巴氏杀菌乳》（GB 19645—2010）的要求，对巴氏杀菌乳产品的感官、理化、微生物指标进行评定。

6. 思考题

巴氏杀菌的原理和条件是什么？

影响巴氏杀菌乳品质的因素有哪些？

巴氏杀菌乳加工过程中需要注意的事项有哪些？

实验 5-8　速冻草莓的加工

1. 实验目的

理解速冻保藏的基本原理和冻结对食品品质的影响。

掌握速冻草莓加工工艺、操作要点、质量指标及评价方法。

2. 实验原理

速冻保藏是将预处理过的原料经快速冷冻处理，然后在－18℃下贮藏，从而最大限度地抑制微生物和酶的活动，较好地保持新鲜果蔬的风味、色泽、香味和营养成分，使产品方便食用且可长期保存。

速冻可使食品快速通过最大冰晶生成带，产生大量细小的冰晶，解冻时汁液流失少，很好保持了食品原有的营养物质，是食品长期保存的有效方法之一。其最大的优点是不添加任何防腐剂，完全以低温来保持食品的原有品质。

3. 实验条件

（1）实验材料

草莓 500g、0.2%的亚硫酸氢钠 500mL 或 0.2%的抗坏血酸 500mL、30%的糖液 500mL、2%的食盐溶液 1500mL。

（2）实验仪器

不锈钢刀具、电子秤、分级机、漏勺、冷冻冰箱、真空包装机、桶或盆。

4. 实验步骤

原料挑选→清洗→分级→去果蒂→漂洗→浸糖→速冻→真空包装→冻藏→成品

① 原料挑选。挑选成熟度为 80%左右，大小均匀，风味良好，无机械损伤和病虫害的新鲜草莓。

② 清洗。用清水洗去表面的泥沙及其他杂质等，然后在浓度为 2%的食盐溶液中浸泡 15s。

③ 分级。按单个果实质量分级，可分为 6g 以下、6～8g、8～10g、10g 以上四个等级；也可按果实直径大小进行分级，分为 20mm 以下、20～24mm、25～28mm、28mm 以上四个等级。

④ 去果蒂、漂洗。手工除去草莓果蒂，再次用清水将草莓果实冲洗干净。

⑤ 浸糖。可先将草莓放入 0.2%的亚硫酸氢钠或 0.2%的抗坏血酸中浸渍 5min，再将草莓放入 30%的糖液中浸渍 5min。

⑥ 速冻。草莓经沥干糖液后，放入速冻装置进行速冻，速冻温度约－35℃，使草莓中心温度达－18℃以下后再进行低温包装。

⑦ 冻藏。将包装好的成品在－18℃以下进行贮藏。

5. 结果处理

根据产品标准 GB/T 31273—2014，对成品进行感官、理化微生物指标检测评价，对实验结果及实验中出现的问题加以分析讨论。

6. 思考题

简述草莓速冻保藏的基本原理。

快速冻结与缓慢冻结对食品品质有什么影响？

草莓在 0.2％的亚硫酸氢钠或 0.2％的抗坏血酸中浸渍的目的是什么？

草莓速冻保藏过程中应注意哪些问题？

实验 5-9 苹果汁澄清处理

1. 实验目的

熟悉苹果汁澄清剂的种类及其功能。

掌握苹果汁澄清处理的操作。

能够根据苹果汁的质量设计合理的澄清处理方案。

培养综合运用知识、科学分析问题、解决问题的能力以及科学严谨精神。

2. 实验原理

经过破碎压榨的苹果汁，含有大量野生杂菌和悬浮物，需要进行澄清处理，以避免发酵过程中的杂菌污染，并提升感官品质。

导致苹果汁浑浊的因素主要包括蛋白质、多酚物质的不稳定性、果胶形成的胶体阻碍悬浮物质的絮凝。因此，可添加合适的澄清剂，使之与目标组分相互作用，产生不溶性的沉淀，从而能将引起浑浊的物质从果汁中去除。

动物蛋白，如明胶、鱼胶、蛋清、酪蛋白等可用于去除引起浑浊的多酚类物质，在下胶过程中，这些动物蛋白作为氢键供体可与多酚（氢键受体）结合，形成不溶性的沉淀。蛋白质类的下胶剂还可用于改良白苹果汁因压榨不当引起的苦味或褐变。除了天然蛋白质，具有刚性和多孔性的聚乙烯聚吡咯烷酮（PVPP）可通过氢键和非极性作用，选择性地与小分子酚类物质，如黄烷-3-醇结合，形成沉淀。在苹果汁 pH 条件下（3.0～4.0），膨润土带负电，可吸附带正电荷的蛋白质，产生絮凝并沉淀。

苹果汁中的果胶是多糖类物质，源自原果胶。原果胶是苹果浆果细胞壁的主要构成成分之一，不溶于水。在苹果果实成熟过程中，原果胶在原果胶酶的作用下逐渐被分解为果胶酸和果胶酯酸，它们可溶于水形成胶体。在苹果汁中，带负电荷的果胶会包裹带正电荷的物质形成胶体，影响其他胶体物质和悬浮物质的絮凝反应，进而影响苹果汁的澄清。可通过添加果胶酶，部分降解果胶，破坏胶体平衡，使之能够吸附带正电荷的小颗粒固体物质。随着吸附作用的发生，颗粒半径逐渐增大至沉淀，从而达到澄清目的。主要的果胶酶有果胶裂解酶、果胶水解酶和果胶甲酯化酶三种类型。

通常使用浊度计检测苹果汁的浊度（澄清度），其原理是分析待测溶液对光线通过所产生的阻碍程度，包括悬浮物对光的散射和溶质分子对光的吸收，浊度单位为 NTU。浊度＞1000NTU 表明果汁不透明，浊度在 200～1000NTU 表明果汁有肉眼可见较为明显的浑浊，浊度＜100NTU 表明果汁较为澄清。一般澄清处理后，苹果汁的澄清度需达到 80～150 NTU，酿造的苹果酒可以获得优雅的香气和纯正的口感。此外，也可以使用分光光度计检验苹果汁在 680nm 下的透光率反映苹果汁的澄清度。

3. 实验条件

（1）实验材料

新鲜苹果，膨润土，聚乙烯吡咯烷酮（PVPP），商业果胶酶，亚硫酸水溶液（6% SO_2），斐林试剂 A、B 液，苹果糖标准溶液，次甲基蓝，盐酸，氢氧化钠标准溶液，酚酞，硫酸，碘标液，淀粉指示剂，福林-肖卡试剂，碳酸钠，五倍子酸，无水乙醇，商业活性干酵母等。

（2）实验仪器

榨汁机、500mL 玻璃量筒、容量瓶、移液管、具塞刻度试管、浊度计、温度计、万分之一天平、电炉、水浴锅、比色皿、紫外-可见光分光光度计、手持折光糖度计、pH 计等。

4. 实验步骤

原料挑选→清洗→切块→榨汁→果汁粗滤→不同澄清剂澄清→观察记录澄清情况→测定沉淀高度→分离上清液并测定浊度、透光率→实验结果分析

（1）澄清剂的准备

① 膨润土的活化。取一个 1000mL 的烧杯，装入 500mL 蒸馏水，将其放入水浴锅中恒温至 60℃。准确称取 5.0g 膨润土，加入 60℃温水中，搅拌均匀，过夜静置，使之成白色的糊状，以获得活化好的膨润土。

② PVPP 溶液的配制。取一支 5mL 带盖离心管，准确称量 0.2g PVPP，将其溶解于 2mL 蒸馏水中。

③ 果胶酶溶液的配制。准确称取 0.0250g 商业果胶酶，用 35℃蒸馏水将其溶解并定容至 100mL，活化 30min 待用。

（2）果汁的澄清处理

取压榨粗滤后的苹果汁 2.5L，添加 80mg/L SO_2，平均分成 5 份，装入 500mL 透明玻璃量筒中，然后分别进行如下处理。

处理 A：1g/L 膨润土，即在 0.5L 苹果汁中添加 50mL 活化好的膨润土。

处理 B：1g/L 膨润土和 0.2g/L PVPP，即在 0.5L 苹果汁中添加 50mL 活化好的膨润土和 1mL PVPP 溶液。

处理 C：果胶酶 20mg/L，即在 0.5L 苹果汁中添加 40mL 果胶酶溶液。

处理 D：果胶酶 20mg/L 和 1g/L 膨润土，即在 0.5L 苹果汁中添加 40mL 果胶酶溶液及 50mL 活化好的膨润土。

处理 E：空白，即不添加任何澄清剂的 0.5L 苹果汁。

充分摇匀、静置。

（3）沉淀情况分析

分别于 1h、3h、6h、9h、12h、18h、24h、36h、48h 后，观察沉淀高度及表面平整度和紧密度，并用直尺测量沉淀物的高度，对五个量筒对比拍照记录澄清情况。

（4）浊度检测

处理 48h 后，分离上清液并测定体积，准确吸取上清液 10mL 置于玻璃装样瓶中，使用浊度计检测样品的浊度并记录。

（5）透光率检测

处理 48h 后，准确吸取分离后上清液 1mL 于 1.5mL 比色皿中，用紫外-可见光分光光度计在 680nm 下测定其透光率。

（6）其他理化指标分析

处理 48h 后，取分离出的上清液，分别测定其可溶性固形物含量和 pH 值，比较不同处理之间是否存在差异。

5. 结果处理

认真记录并分析实验结果。结果的讨论与分析，建议从以下三点展开：

① 分析各种处理后苹果汁的澄清度和透明度，讨论不同的澄清剂对苹果汁的澄清效果。

② 分析澄清监控记录，讨论各澄清剂处理的最佳作用时间范围。

③ 分析各处理后苹果汁的糖含量和 pH 值，讨论不同澄清剂对苹果汁组分的影响。

根据实验结果的分析讨论，撰写实验报告，制订针对苹果汁的澄清处理方案，并详述操作规范。根据已有实验操作及其结果，展望同类实验或研发工作的必要处理措施，如澄清处理的关键控制点，即澄清剂的种类及使用量、澄清时间、温度的控制等，并针对苹果汁的状况及工艺要求对其进行技术优化。

6. 思考题

澄清处理的技术操作要点有哪些？

不同的澄清剂对苹果汁的澄清处理效果是否有差别？

现有一批压榨后的苹果汁，因为压榨不当，苹果汁有苦味且稍呈褐色，请针对该苹果汁制订合理可行的澄清方案。

实验 5-10 曲奇的制作

1. 实验目的

学习甜酥性面团形成的基本原理和调制方法。

掌握甜酥性饼干制作的基本工艺和配方。

学会甜酥性饼干制作的基本技能和产品质量评价的方法。

2. 实验原理

曲奇饼干是一种近似于点心类食品的甜酥性饼干，是饼干中配料最好、档次最高的产品，饼干结构比较紧密，膨松度小。配方中所含的油、糖比例高。调粉过程中先加入油、糖等辅料，在低温下进行搅打，然后加入小麦粉，使面团中的面筋蛋白质进行限制性胀润，从而得到弹性小、光滑而柔软、可塑性极好的面团。

3. 实验条件

(1) 实验材料

黄油 360g、糖粉 90g、盐 3g、牛奶 30g、高筋粉 196g、低筋粉 196g、玉米淀粉 60g、奶粉 30g、杏仁粉 30g。抹茶味或可可味曲奇将 10g 低筋粉换成 10g 抹茶粉或可可粉。

(2) 实验设备

调粉机、电烤箱、烤盘、台秤、面盆、操作台、挤料袋、裱花嘴。

4. 实验步骤

① 黄油打发。黄油切成小块，室温使其软化到手指轻轻一摁就是一个小坑。加入糖粉，压拌均匀。用打蛋器搅拌至发白，呈羽毛状，体积稍有膨大。加入牛奶和盐的混合物，搅打均匀。

② 调糊。所有粉混匀后过筛，将面粉混合物与黄油搅拌均匀至面粉全部湿润。面全部转移到案板上，用刮板来回挤压，让面团变得更加细腻。

③ 挤出成形。先将花嘴装入挤料袋中，再将调制好的料浆分别装入挤料袋中，间隔一定距离将料浆挤在烤盘上，注意大小相同，排列整齐。

④ 烘烤与冷却。将烤盘放入烤箱中，上下火温度为 135℃，烘烤 30～40min。烤熟后从烤炉中取出，放在室温下冷却。

5. 结果处理

感官指标：外形完整、花纹清楚，大小均匀，饼体无连边；呈金黄色、棕黄色，色泽基本均匀；有明显奶香味，无异味；口感酥松，不黏牙；断面细密多孔，无较大孔洞，无油污，无不可食用异物。

理化指标：水分<4%，脂肪>16%，pH>8.8。

质量分析：黄油打发程度越高，面团的延展性越好。面粉筋度越高，面团的延展性越差。含水量越高，延展性越好。温度越高，延展性越差。

实验 5-11　香蕉果酱的制作

1. 实验目的

理解并验证果胶凝胶形成的基本原理和关键条件，掌握水果制品加工的基本工艺流程和关键操作要点，学会水果制品加工的基本技能和产品质量控制方法，掌握果酱类产品感官与理化的质量评价方法。

2. 实验条件

(1) 实验材料

100 份香蕉、30 份水、100 份白砂糖、0.1 份柠檬酸、0.1 份果胶。

(2) 实验仪器设备与用具

榨汁机、夹层锅、酸度计、糖量仪、灌装机、水浴锅、玻璃瓶等。

3. 实验步骤

原料→清洗→去皮→护色→打浆→煮制、浓缩→装瓶→封口→杀菌→冷却

(1) 原料

选用充分成熟（但不过熟）、风味色泽好、无病虫的果实。

(2) 清洗

将果实用清水漂洗干净，并除去果皮。

(3) 护色

将去皮后的果肉放入 1%食盐水中护色。

(4) 打浆

将香蕉果肉用筛板孔径为 0.8～1.0mm 的打浆机进行 1～2 次打浆，即得香蕉果泥。

(5) 煮制、浓缩

按香蕉果泥：白砂糖（1：1）的比例，先将白砂糖配成 75%的糖液，过滤备用。然后将糖液与香蕉泥混合入夹层锅进行浓缩。浓缩过程中需不断地搅拌。浓缩终点可以根据以下情况判断：酱体可溶性固形物达到 60%～65%（高浓度果酱为 70%～75%），或终点温度为 105～107℃时，即可结束煮制浓缩。如果果酱酸度不够，可在临出锅前加些柠檬酸进行调整，产品的 pH 控制在 2.8～3.0。

(6) 装瓶、封口

装瓶时酱体温度保持在 85℃以上趁热装瓶，装瓶不可过满，留顶隙 3mm 左右为宜。装瓶后立即封口、倒放，并检查封口是否严密，瓶口若黏

附有果酱，需用灭菌的白布擦净，避免储存期间瓶口发霉。若采用酱体灌装机，设备管道等必须经过严格消毒灭菌。

（7）杀菌、冷却

将装满果酱的瓶子迅速在水浴中升温至100℃，保温20min进行杀菌。杀菌后，分别在65℃、45℃和常温水中分段冷却至37℃以下，以迅速降低酱体温度。冷却后，擦干瓶外水珠。

如果装果酱的瓶子、瓶盖等已经过严格消毒，香蕉果酱的糖分又不低于65%，装瓶时的酱体温度不低于85℃，则装瓶后可不必杀菌。

4. 结果处理

（1）感官指标

色泽：酱体呈金黄色、黄色或红黄色。

组织状态：均匀一致，酱体呈胶黏状，不流散，不析水，无砂糖晶析。无杂质。

风味：具有香蕉果酱应有的酸甜风味，无异味。

（2）理化指标

总糖含量不低于60%，可溶性固形物68%～75%，铜＜10mg/kg，铅＜2mg/kg，锡＜200mg/kg。

（3）微生物指标

大肠菌群近似值＜6个/100g。

菌群总数100个/g。

致病菌不得检出。

5. 思考题

影响果酱产品质量的因素有哪些？

实验 5-12 酸萝卜丝的制作

1. 实验目的

理解酸萝卜丝的基本原理，初步掌握酸萝卜丝的基本工艺流程及操作要点。

2. 实验条件

（1）实验材料

白萝卜、冰糖、食盐、开水等。

（2）实验设备

电磁炉、菜刀、砧板、泡菜罐、过滤筛、台秤等。

3. 实验步骤

原料选择→分选清洗→去皮切丝→洗罐→装罐→加糖→加盐→密封

（1）原料选择

选用白萝卜，剔除病烂、生虫、生青白萝卜。用清水洗去表面污物。

（2）去皮切丝

用菜刀或削皮刀去皮，再用菜刀切丝。

（3）洗罐

用少许白酒涮洗罐子备用。

（4）装罐

将萝卜切成丝，加入少许冰糖在泡菜缸底部，加入少许食盐，开水倒入密封即可。

4. 思考题

在酸萝卜丝加工工艺中，加入冰糖有何意义？酸萝卜丝发酵的原理是什么？

实验 5-13　四川泡菜的制作

1. 实验目的

了解泡菜制作过程中乳酸菌发酵的原理。

掌握制作泡菜的方法。

2. 实验条件

（1）实验材料

原料：白萝卜 1 个、胡萝卜 1 个、卷心菜 1 个、黄瓜 1 条、嫩姜 1 块、去皮老姜几片、青椒 1 个、大蒜 4～5 根。

辅料：粗盐 100g、白酒 50～60g、八角 5 个、桂皮 2 块、花椒适量、小米辣适量、白糖 20g、矿泉水 3L。

（2）实验用品

泡菜坛子、不锈钢刀、案板、小布袋（用以包裹香料）、电子天平、量筒、烧杯、玻璃杯、空盆、锅、长筷子（一副）。

3. 实验步骤

原料预处理→配制泡菜液→入坛泡制→倒缸

（1）制作泡菜液

用量筒量取 3L 矿泉水，倒入无油的锅中，将花椒、八角、桂皮等香料放入小布袋中，再放入锅中熬煮；用电子天平分别称取粗盐 100g，白酒 50g，加入锅中，再加入白糖，老姜，煮开后继续煮 5min，彻底放凉。

为保证泡菜成品的脆性，应选择硬度较大的自来水，可酌加少量钙盐如 $CaCl_2$、$CaCO_3$、$CaSO_4$ 等，使其硬度达到 10 度。此外，为了增加成品泡菜的香气和滋味，各种香料最好先磨成细粉后再用布包裹。

（2）原料及器具处理

所有原料洗净，放在空盆里晾干，然后切成条或者块，继续晾干。

新鲜原料经过充分洗涤后，应进行整理，不宜食用的部分均应一一剔除干净，体形过大者应进行适当切分。

泡菜坛子彻底洗净，晾干后倒入少许白酒，晃动瓶子使酒均匀洗刷一遍坛子内壁，然后倒掉酒，倒扣坛子备用。

（3）泡制

将菜料放入泡菜坛内，倒入泡菜液，用长筷子搅拌均匀，以完全将各种蔬菜淹没为准，然后在上面放入玻璃瓶以将原料卡压住。随即盖上密封碗，用清水注满坛沿，置于阴凉通风处，保持水槽内水不要干。泡菜坛翻口处的水不宜过满，以防止生水滴入坛中。泡制5～6d即可食用。先吃的菜最好最后放入坛子，以便捞取。若到了时间，坛内的泡菜吃不完，可以全部捞出放入密封盒内冷藏储存。但泡菜不能长时间存放，要随泡随吃。

泡菜坛子用前洗涤干净，沥干后即可将准备就绪的蔬菜原料装入坛内，装至半坛时放入香料包再装原料放至距坛口5～6cm为止，注入所配制的泡菜液，使之能将蔬菜淹没，并用玻璃瓶将原料卡压住，以免原料浮于盐水之上。将坛口小碟盖上后即坛盖钵覆盖，并在水槽中加注清水。将坛置于阴凉处任其自然发酵。通常，泡制1d后卷心菜就可以食用，2～3d内卷心菜味道最好。3d后萝卜入味，5～6d内萝卜味道最好。

（4）倒缸

待原料腌制3～4d后进行倒缸，将坛内的原料取出置于干净的空盆中，用筷子搅拌，使泡菜液，各种辅料及盐液均匀渗入原料中，泡菜的味道更好，同时防止泡菜变质的发生。如果泡菜的味道太咸，可以加点糖，同时把原有的泡菜液滤掉适当的分量，再加入新的水，与原有泡菜液混合均匀，减轻咸味。

4.结果处理

泡菜感官评定标准表见表5-7。

表5-7 泡菜感官评定标准表

项目	标准	扣分/分	得分/分
色泽及形态	色泽正常、新鲜、有光泽，规格大小均匀、一致。无菜屑、杂质及异物，无油水分离现象，汤汁清亮，无霉花浮膜		30
	色泽不正常、不新鲜、无光泽、发黑	1～6	
	菜坯规格大小不均匀、不一致	1～5	
	有菜屑、杂质及异物	1～6	
	油水分离现象	1～3	
	汤汁不清亮、有霉花浮膜	5～10	
香气	具有本产品固有的香气（如菜香），或具有发酵型香气及辅料。添加后的复合香气（如酱香、酯香等），无不良气味及其他异香		30
	香气差	1～5	
	香气不正	1～10	
	有不良气味（如氨、硫化氢、焦煳、酸败等气味）及其他异香	7～15	

续表

项目	标准	扣分/分	得分/分
质地及滋味	滋味鲜美，质地脆嫩，酸甜咸味适宜。无过酸过咸过甜味，无苦味及涩味焦煳味		40
	菜质脆嫩度差	1～4	
	菜质脆嫩度差，咀嚼有渣	1～5	
	口味淡薄	1～5	
	有过酸过咸过甜味	1～5	
	有苦味及涩味、焦煳、酸败味	3～6	
	有其他不良气味（如嗖味、霉味等）	7～15	

5. 注意事项

入坛泡制1～2d后，由于食盐的渗透作用使原料体积缩小，盐水下落，此时应再适当添加原料和泡菜液，保持其装满至坛口下3～4cm为止。

水槽要经常检查，水少时必须及时添加，保持水满状态。为安全起见，可在水槽内加盐，使槽内水含盐量达15%～20%。

泡菜的成熟期限：泡菜的成熟期随所泡蔬菜的种类及当时的气温而异，一般新配的盐水在夏天时约需5～6d即可成熟，冬天则需12～16d才可成熟。叶类菜如甘蓝需时较短，根类菜及茎菜类则需时较长一些。

泡菜坛以及捞泡菜的筷子都不能沾油荤，不然泡菜水会“生花”，即泡菜液上长出白色霉点。所以泡菜坛要先清洗晾干后再用，泡菜坛盖的周围要用水密封，切忌进入空气，滋生细菌。遇到“生花”时，应该用干净的器具将霉点捞出，加入适量泡菜盐和白酒，将泡菜坛子移至阴凉通风的地方，每天敞开盖子10min，2～3d以后可以改善。如果泡菜烂软发臭，则已经变质，不能食用。

如果泡菜的味道太酸，可以加点盐；如果太咸，可以加点糖；如果不脆，可以加点白酒。

6. 思考题

在泡菜制作过程中，哪些因素可以起到防腐、延长保藏期的作用？

泡菜制作中乳酸菌生长的适宜条件是什么？为何乳酸菌不能无限制地增殖？

实验 5-14 葡萄酒的加工

1. 实验目的

理解果酒制作的基本原理，初步掌握葡萄酒酿造的基本工艺流程及操作要点。

2. 实验原理

果酒的品种有葡萄酒、苹果酒、青梅酒、荔枝酒等。果酒的制作是以新鲜的果实为原料，利用野生的或者人工添加的酵母菌将果实中的糖分分解成乙醇及其他副产物，伴随着乙醇及副产物的产生，果酒内部发生一系列复杂的生化反应，最终赋予果酒独特的风味及色泽。果酒酿造不仅是微生物活动的结果，也是复杂生化反应的结果。

3. 实验条件

(1) 实验材料

葡萄、白砂糖、柠檬酸、葡萄酒酵母、亚硫酸、安琪酵母等。

(2) 实验设备

破碎机、榨汁机、手持糖量计、不锈钢罐筒或塑料筒、过滤筛、台秤等。

4. 实验步骤

原料选择→分选清洗→去皮破碎→取汁（果肉）→糖酸度调整→前发酵→分离压榨→后发酵→陈酿→调配→装瓶→杀菌

(1) 原料选择

选用已充分成熟的葡萄果实，剔除病烂果、生虫果、生青果。用清水洗去表面污物。

(2) 破碎

用滚筒式或离心式破碎机将果实破碎，得果汁与果肉、果皮的混合物。

(3) 调整糖酸度

将得到的果汁与果肉混合物立即送入发酵罐内，发酵罐上面应留出 1/4 的空隙，不可加满，并盖上木制篦子，以防浮在发酵罐表面的皮糟因发酵产生二氧化碳而溢出。

发酵前需调整糖酸度（糖度控制在 25%左右），加糖量一般以葡萄原来的平均含糖量为标准，加糖不可过多以免影响成品质量。酸度 pH 一般为 3.5～4.0。

（4）前发酵

调整糖酸度后，加入酵母液，加入量为果汁与果肉混合物的 5%～10%，加入后充分搅拌，使酵母均匀分布。发酵时每日必须检查酵母繁殖情况及有无菌害。若酵母生长不良或过少时，应重新补加酵母。发酵温度控制在 20～25℃。

前发酵时间一般为 7～10d。前发酵的时间，根据葡萄果肉的含糖量、发酵温度和酵母接种数量而异。一般在比重下降到 1.020 左右时即可转入后发酵。

（5）分离压榨

前发酵结束后，立即将酒液与其他成分分离。

（6）后发酵

后发酵一般需 1 个月左右。充分利用分离时带入的少量空气，来促使酒中的酵母将剩余糖分继续分解转化为乙醇，此时，沉淀物逐渐下沉在容器底部，酒逐渐得到澄清。后发酵可使葡萄酒进行酯化作用，使酒逐渐成熟，色、香、味逐渐趋向完善。因后发酵也会生成泡沫，后发酵桶上面要留出 5～15cm 空间。后发酵期的温度控制在 18～20℃，最高不能超过 25℃。当比重下降到 0.993 左右时，发酵即告结束。

（7）陈酿

陈酿时要求温度低，通风良好。适宜的陈酿温度为 15～20℃，相对湿度为 80%～85%。陈酿期除应保持适宜的温度、湿度外，还应注意换桶，添桶。

第一次换桶应在后发酵完毕后 8～10d 进行，除去渣滓（并同时补加二氧化硫到 150～200mg/L)。第二次换桶在前次换桶后 50～60d 进行。第三次换桶在第二次换桶后约 3 个月进行，经过 3 个月以后再进行第四次换桶。为了防止害菌侵入与繁殖，必须随时添满储酒容器的空隙，不让它表面与空气接触。在新酒入桶后，第一个月内应 3～4d 添桶一次，第二个月 7～8d 添桶一次，以后每月一次；一年以上的陈酒，可隔半年添一次。添桶用的酒，必须清洁，最好使用品种和质量相同的原酒。

（8）调配

经过一段时间储存的原酒，已成熟老化，具有陈酒香味。可根据品种、风味及成分进行调和。调配好的酒，在装瓶以前须化验检查，并过滤一次后才能装瓶、压盖。经过 75℃的温度灭菌后，贴商标，包装即为成品。

5. 结果处理

（1）感官指标

颜色：紫红色，澄清透明，无杂质。

滋味：清香醇厚，酸甜适口。

香气：具有醇正、和谐的葡萄果香味和酒香味。

（2）理化指标

比重：1.035～1.055（15℃）。

酒精：11.5%～12.5%（15℃）。

总酸：0.45～0.6 g/100mL。

总糖：14.5～15.5g/100mL。

挥发酸：0.05g/100mL 以下。

6. 思考题

在果酒加工工艺中，果汁的糖酸度调整有何意义？

前发酵与后发酵有什么不同？

实验 5-15　韩式辣白菜的制作

1. 实验目的

初步掌握韩式辣白菜制作的基本工艺流程及操作要点。

2. 实验材料

大白菜 1 颗（2kg 左右）、食盐 200g 左右、韩式辣椒粉 200g、糯米粉 50g、洋葱半个、大蒜 2 头、姜 1 小块、苹果 1 个、梨子 1 个、白糖 30～50g、韭菜 1 把、西芹 1 把。

3. 实验步骤

（1）腌制白菜

大白菜剥去外面老叶，平均切 4 份。

每层都撒入少许盐，尤其是白菜帮处。大的泡菜盒子里放入适量盐，加凉水冲开，然后放入撒好盐的白菜。

都放入后，以水量没过白菜的一半为宜，把盒子里带的网铺在上面，然后压上重物，腌一夜。

（2）准备腌料

过一夜后，腌好的白菜用清水冲洗几遍，再用纯净水冲洗一下，挤干备用。这时可以备料了。

① 糯米粉 50g 加 500g 水（1∶10）拌匀，然后上火边煮边搅拌至冒泡，黏稠即可。彻底放凉备用。

② 加入辣椒粉 200g，与放凉的糯米糊糊拌匀。

③ 加入苹果、梨子去皮去核（切薄片或切丝即可）打成的泥。加入大蒜、姜、洋葱打成的泥拌匀。

④ 加白糖，加少许白芝麻，加入切段的韭菜和西芹拌匀。

（3）抹匀发酵

白菜铺好，戴上一次性手套，每层白菜都抹匀一层腌料。抹好后排入泡菜盒子里，最后上面再覆盖一层料。然后密封室温发酵（夏天室温 1d，冬天 3～5d）。分成小盒装，入冰箱冷藏 5～7d 后开始食用，20～40d 内味道最好。

实验 5-16 洋葱的干制

1. 实验目的

掌握果品和蔬菜干制的一般方法。

了解传统干制技术及现代干燥方法的优缺点。

2. 实验条件

(1) 实验仪器

刀、盆、菜板、竹筛或不锈钢筛网、恒温干燥箱、塑料袋。

(2) 实验材料

洋葱、碳酸氢钠溶液。

3. 实验步骤

原料验收→整理→切分→清洗→护色→烘干→后处理→包装→成品

(1) 原料验收

原料应选用中等或大型的健康鳞茎，肉质呈白色或淡黄色，无青皮或少青皮。鳞茎应充分成熟，结构紧密，辛辣味强。干物质含量不低于 12%。

(2) 整理

切去茎尖和根，茎尖切除 0.5～1cm，根部以切净须根为度。剥除不可食的鳞茎外层。

(3) 切分

将整理完毕的洋葱根部朝下稳定放置。首先，沿其长轴方向垂直下刀，切入至距根部约 1cm 处；将洋葱旋转 90°后，以同样方式与深度切第二刀，形成以根部为连接点的十字花刀。随后，将洋葱放倒，使其根部朝向操作者，并沿与长轴垂直的方向，将其横切成厚度为 2～3mm 的均匀薄片。

(4) 清洗

切分好的葱片在清水中充分洗涤，以洗尽白沫为度。

(5) 护色

洋葱片在 0.2%的碳酸氢钠溶液浸泡 2～3min，然后捞出沥干。

(6) 烘干

将处理后的原料平铺于竹筛或不锈钢网筛上，筛孔以 (0.5～0.6mm)×(0.5～0.6mm) 见方为好。在恒温干燥箱中干制，温度控制在 60～65℃，鼓风强制排湿。经 6～8h 烘至含水量 6%左右即可。

（7）后处理

除去焦褐片、老皮、杂质和变色的次品。产品冷却后放入塑料袋密闭 1d，使干制品水分均匀平衡。随后进行检验、包装。

4. 结果处理

将被测样品放在洁净的白瓷盘中，用肉眼直接观察色泽、形态和杂质，嗅其气味，品尝滋味。感官要求应符合表 5-8 的规定。

表 5-8　感官评定标准

项目	要求
色泽	各种水果、蔬菜脆片应具有与其原料相应的色泽
滋味和口感	具有该品种特有的滋味，酯香、清香纯正，口感酥脆
形态	块状、片状、条状或该品种应有的整形状。各种形态应基本完好，同一品种的产品度基本均匀，且基本无碎屑
杂质	无肉眼可见外来杂质

5. 思考题

对所做的产品进行品质评价。

除了烘干法之外，食品水分测定方法还有哪些方法？

实验 5-17　糖水橘子罐头的制作

1. 实验目的

学习并掌握从原料预处理（清洗、热烫、去皮去络）到装罐、排气、密封、杀菌及冷却的水果罐头标准化加工流程，理解每一步骤对最终产品质量的影响。学会糖水罐头产品的质量评价方法。

2. 实验原料

橘子（果面全部橙黄至橙红色）、食盐、柠檬酸、白砂糖、精密 pH 试纸、罐头瓶、糖度计。

3. 实验步骤

原料选择、分级→洗涤→漂烫→剥皮、去络、分瓣→整理分选→装罐→排气→密封→杀菌→冷却→入库

（1）原料选择、分级

应选择肉质致密，色泽鲜艳，香味浓郁，含糖量高，糖酸比适度的原料。果实皮薄，无核。

（2）洗涤

用清水洗涤，洗净果面的尘土及污物。

（3）漂烫

一般用 95～100℃的热水浸烫，使外皮与果肉松离，易于剥皮。热烫时间为 1min 左右。

（4）剥皮、去络、分瓣

手工去皮，去皮后的橘果用人工方法去络，然后按橘瓣大小，分开放置。

（5）配糖水

① 配料的计算及称量。用折光仪和精密 pH 试纸分别测出原料的含糖量和 pH 值。

糖液配制：果品罐头所用的糖液浓度，依水果种类、品种、成熟度、果肉装量及产品质量标准而定。我国目前生产的糖水果品罐头，一般要求开罐糖度为 14%～18%。每种水果罐头加注糖液的浓度，可根据下式计算：

$$Y=(W_3Z-W_1X)/W_2$$

式中　W_1——每罐装入果肉重，g；

　　　W_2——每罐加入糖液重，g；

W_3——每罐净重，g；

X——装罐时果肉可溶性固形物含量，%；

Z——要求开罐时的糖液浓度，%；

Y——需配制的糖液浓度，%。

② 配制过程。将适量的水放入不锈钢夹层锅，加热至沸腾；将白砂糖放入沸水中，一边加热一边搅拌，直至白砂糖全部溶化，并重新沸腾；最后加柠檬酸以调糖水的pH，并过滤备用。

（6）装罐

罐头瓶在热水中消毒10min，橘瓣称重后装罐，原料约占总重的60%。为了调节糖酸比，改善风味，装罐时常在糖液中加入适量柠檬酸，调整pH为3.5左右。

把调配好的白砂糖溶液加到盛有果肉的玻璃瓶中，放上瓶盖，但不拧紧。置于加水的锅中，煮沸10min，取出瓶子，并拧紧瓶盖，待冷却，亦可冷藏。

参考文献

[1] 谢明勇, 胡晓波. 食品化学实验与习题[M]. 北京: 化学工业出版社, 2023.
[2] 刘丹赤. 食品理化检验技术[M]. 大连: 大连理工大学出版社, 2022.
[3] 赵国华. 食品化学实验[M]. 北京: 中国农业出版社, 2021.
[4] 韦庆益, 袁尔东, 任娇艳. 食品生物化学实验[M]. 广州: 华南理工大学出版社, 2017.
[5] 魏玉梅, 潘和平. 食品生物化学实验教程[M]. 北京: 科学出版社, 2017.
[6] 曹际云, 曾强成. 食品生物化学实验指导[M]. 沈阳: 辽宁大学出版社, 2020.
[7] 汪薇. 食品生物化学实验指导[M]. 北京: 中国轻工业出版社, 2019.
[8] 杨丽丽, 王冬亮. 营养与食品卫生学实验指导[M]. 广州: 中山大学出版社, 2023.
[9] 罗凤莲. 食品分析与检验实验教程[M]. 武汉: 华中科技大学出版社, 2023.
[10] 吴时敏. 食品分析与检验实验教程[M]. 上海: 上海交通大学出版社, 2024.
[11] 黄慧福. 食品工艺学实验[M]. 昆明: 云南大学出版社, 2023.
[12] 马俪珍, 刘金福. 食品工艺学实验[M]. 北京: 化学工业出版社, 2020.
[13] 胡爱军, 王稳航, 郑捷. 食品工艺学实验技术[M]. 北京: 化学工业出版社, 2024.
[14] 中华人民共和国国家卫生健康委员会. GB 5009.239—2016 食品安全国家标准　食品酸度的测定[S]. 北京: 中国标准出版社, 2016.
[15] 中华人民共和国国家卫生健康委员会. GB 5009.4—2016 食品安全国家标准　食品中灰分的测定[S]. 北京: 中国标准出版社, 2016.
[16] 中华人民共和国国家卫生健康委员会. GB 5009.6—2016 食品安全国家标准　食品中脂肪的测定[S]. 北京: 中国标准出版社, 2016.
[17] 中华人民共和国国家卫生健康委员会. GB 5009.3—2016 食品安全国家标准　食品中水分的测定[S]. 北京: 中国标准出版社, 2016.

[18] 中华人民共和国卫健委. GB/T 5009.1—2003 食品卫生检验方法　理化部分　总则[S]. 北京: 中国标准出版社, 2003.
[19] 中国质量认证中心广州分中心. DB44/T 1874—2016 巴氏杀菌乳[S]. 广州: 广东省质量技术监督局, 2017.
[20] 中华人民共和国国家质量监督检验检疫总局. GB/T 31273—2014 速冻水果和速冻蔬菜生产管理规范[S]. 北京: 中国标准出版社, 2014.